国家级职业教育规划教材
全国职业院校烹饪专业教材

烹饪原料加工技术

贾晋　主编

中国劳动社会保障出版社

简　介

本教材为全国职业院校烹饪专业国家级规划教材，由人力资源社会保障部教材办公室组织编写。本教材共分五章，分别介绍了鲜活原料初加工技术、刀工与原料成形技术、分档取料与整料出骨、干货原料涨发技术和配菜等。教材在每节后安排了“思考与练习”，帮助学生巩固所学内容。

本教材由贾晋任主编，李阳任副主编，韩枫审稿。

图书在版编目（CIP）数据

烹饪原料加工技术 / 贾晋主编. -- 北京：中国劳动社会保障出版社，2022

全国职业院校烹饪专业教材

ISBN 978-7-5167-5024-7

Ⅰ. ①烹…　Ⅱ. ①贾…　Ⅲ. ①烹饪－原料－加工－中等专业学校－教材　Ⅳ. ①TS972.111

中国版本图书馆 CIP 数据核字（2021）第 157039 号

中国劳动社会保障出版社出版发行

（北京市惠新东街 1 号　邮政编码：100029）

*

北京市白帆印务有限公司印刷装订　　新华书店经销

787 毫米×1092 毫米　16 开本　10 印张　182 千字

2022 年 4 月第 1 版　2026 年 1 月第 6 次印刷

定价：30.00 元

营销中心电话：400-606-6496

出版社网址：http://www.class.com.cn

http://jg.class.com.cn

前　言

近年来，随着我国社会经济、技术的发展，以及人们生活水平的提高，餐饮行业也在不断创新中向前发展。餐饮业规模逐年增长，新标准、新技术、新设备和新方法不断出现，人们对餐饮的需求也日益丰富多样。随着餐饮行业的发展，餐饮企业对从业人员的知识水平和职业能力水平提出了更高的要求。为了培养更加符合餐饮企业需要的技能人才，我们组织了一批教学经验丰富、实践能力强的一线教师和行业、企业专家，在充分调研的基础上，编写了这套全国职业院校烹饪专业教材。

本套教材主要有以下几个特点：

第一，体系完整，覆盖面广。教材包括烹饪专业基础知识、基本操作技能及典型菜品烹饪技术等多个系列数十个品种，涵盖了中式烹调技法、西式烹调技法及面点制作等各方面知识，并涉及饮食营养卫生、烹饪原料、餐饮企业管理等内容，基本覆盖了目前烹饪专业教学各方面的内容，能够满足职业院校烹饪教学所需。

第二，理实结合，先进实用。教材本着“学以致用”的原则，根据餐饮企业的工作实际安排教材的结构和内容，将理论知识与操作技能有机融合，突出对学生实际操作能力的培养。教材根据餐饮行业的现状和发展趋势，尽可能多地体现新知识、新技术、新方法、新设备，使学生达到企业岗位实际要求。

第三，生动直观，资源丰富。教材多采用四色印刷，使烹饪原料的识别、工艺流程的描述、设备工具的使用更加直观生动，从而营造出更加直观的认知环境，提高教材的可读性，激发学生的学习兴趣。教材同

步开发了配套的电子课件及习题册。电子课件及习题册答案可登录技工教育网（jg.class.com.cn），搜索相应的书目，在相关资源中下载。部分教材针对教学重点和难点制作了演示视频、音频等多媒体素材，学生扫描二维码即可在线观看或收听相应内容。

本套教材的编写工作得到了有关学校的大力支持，教材的编审人员做了大量的工作，在此，我们表示诚挚的谢意！同时，恳切希望广大读者对教材提出宝贵的意见和建议。

人力资源社会保障部教材办公室

目　录

第一章

鲜活原料初加工技术

学习目标

1. 了解鲜活原料初加工的意义、原则和方法
2. 掌握新鲜蔬菜、水产品、家禽及家畜内脏等鲜活原料的初加工方法

鲜活原料是指从自然界采摘后未经任何加工处理（如干制、腌制）的动植物原料。鲜活原料在烹饪中使用非常广泛，是最常见的一大类原料，主要包括新鲜蔬菜、水产品、家禽、家畜等。这些原料由于自身的生长特点，一般不宜直接用于烹调，必须进行一系列的初加工过程，才能成为可以烹制菜肴的净料。

第一节　鲜活原料初加工概述

鲜活原料的初加工是指对鲜活原料进行宰杀、煺毛、去鳞、摘剔、除污、洗涤、整理等过程，即使原料由毛料成为净料的过程。

一、鲜活原料初加工的技术

1. 去劣存优，弃废留精

所有原料在进入烹饪环节前都应该遵循“去劣存优，弃废留精”的原则进行初加工，即去除不能食用或品质较差的部分，如污秽、边角废料等，将其加工成符合烹调需求的净料。

2. 注重原料卫生与营养

初步购进的原料大部分都带有泥土、杂物、虫卵、皮毛、内脏等，必须经过清理和洗涤后才能进入烹饪加工环节。需要注意的是，清理时要尽量减少原料营养成分的损失。另外，实际操作还要根据原料的具体情况而定，如鲥鱼、鲴鱼鱼鳞的脂肪含量较高，在初加工时只需将鱼鳞表面清洗干净，而不要将鱼鳞刮去，否则脂肪损失较大，反而影响菜肴的鲜香味。

3. 适应烹调的需要，合理用料

在初加工环节中除了要求原料要干净、可食用外，还需注意节约，应合理利用原料，做到物尽其用，如笋的老根可用来吊汤，黄鱼的膘可晒干做鱼肚干料等。

4. 根据原料的品种质地，采用不同加工方法

不同原料，甚至同一原料的不同部位，在初加工方法上都有所差异。具体的初加工方法应视原料的品种及具体情况，如老嫩、大小等来确定。

二、鲜活原料初加工的方法

鲜活原料种类繁多、品种各异，加工手段也各不相同，实际操作时应视原料的具体情况，灵活选用初加工方法。

1. 摘剔

鲜活原料基本都存在不宜食用或不宜烹制的部分，如蔬菜的黄叶、老筋，肉类的毛发、淋巴等，必须将其摘除干净，以保证取得质量上乘的净料。

2. 宰杀

宰杀一般适用于活鸡、活鸭、活鱼、活兔等鲜活原料，常用的宰杀方法有颈部刺杀、溺死、敲打致死、灌死等。

3. 煺毛、剥皮或刮鳞

煺毛、剥皮或刮鳞主要用于鸡、鸭、兔、鱼等动物性原料的初加工，除去它们身上不能食用的皮、毛、鳞等，才能进入下一步的加工。

4. 去皮

这里的“去皮”指的是用于莴笋、山药、大蒜等蔬菜类原料的初加工。常用的去皮方法有削（如莴笋、萝卜、冬瓜）、刮（如丝瓜、藕、山药、姜）和剥（如洋葱、蒜、豌豆、胡豆）等。

5. 开膛取内脏

开膛取内脏是针对动物性原料的一种初加工方法，也是动物性原料初加工的一道重要工序。开膛取内脏的方法有腹开、腋开和背开三种，具体可根据烹调的实际需要而定。需要注意的是，开膛取内脏时，切记不能挖破苦胆及肝，否则将影响整个原料的成菜质量。

6. 清洁、洗涤处理

清洁、洗涤处理是前面五种初加工方法完成之后的必经步骤，是保证原料及菜品质量的关键。

思考与练习

1. 简述鲜活原料初加工的原则。
2. 鲜活原料的初加工有哪些方法？

第二节　新鲜蔬菜类原料初加工技术

新鲜蔬菜属于植物性原料，是人们膳食结构中食用最为广泛的一类烹饪原料，也是人体维生素、矿物质和膳食纤维的主要来源。新鲜蔬菜既能作菜肴主料，也能作菜肴配料。

一、新鲜蔬菜初加工的质量要求

1. 按规格整理加工

按照原料的可食用原则，原料的不同部位需要采用不同的加工方法，如叶菜类蔬菜要去掉老根、老叶、黄叶等，根茎类蔬菜要削去或剥去表皮，果菜类蔬菜要刮削外皮、挖掉果心，鲜豆类蔬菜要摘除豆荚上的筋络或剥去豆荚外壳，花菜类蔬菜要摘除外叶、撕去筋络等。

2. 洗涤得当，确保卫生

新鲜蔬菜在洗涤时，一是不仅要去掉蔬菜表面的泥沙、虫子等，还要尽可能去除夹杂在其中的虫卵、农药等残留物，这就要求洗涤蔬菜的方法得当，如有的蔬菜原料要掰开来洗，以清除夹在菜叶中的污秽杂质，有的蔬菜要用淡盐水浸泡，以去掉虫卵和农药残留物等；二是必须遵循“先洗后切”的原则，以尽可能减少营养素的流失。

3. 合理放置

洗涤好的新鲜蔬菜要放在能沥水的盛器内，或放置在加罩的清洁架上，以防止其沾染灰尘等杂质，并且要排码整齐，以便后续的切配细加工。

二、新鲜蔬菜初加工的方法

选用正确的初加工方法是烹制好菜肴的前提。新鲜蔬菜的初加工方法相对简单，主要有摘除、削剔和洗涤等。

1. 摘除整理

摘除整理多用于叶菜类蔬菜，主要是去除其老根、黄叶、杂物等。

2. 削剔处理

大多数根茎类和瓜果类蔬菜都需要削剔去皮处理后方能使用，如竹笋、萝卜、莴笋、冬瓜、南瓜等。

3. 洗涤

常见的洗涤方法有冷水洗、高锰酸钾溶液洗、盐水洗、洗洁精溶液洗四种，具体选择哪种洗涤方法，需视原料情况而定。

三、新鲜蔬菜初加工实例

新鲜蔬菜种类繁多，食用部位各异，用途也各有不同。以下介绍几类常见蔬菜的初加工方法。

1. 叶菜类蔬菜的初加工

叶菜类蔬菜是指以植物肥嫩的叶片和叶柄为食用部位的原料。根据叶菜类蔬菜的栽培特点，可将其分为普通叶菜、结球叶菜和香辛叶菜三种类型。烹饪中常用的叶菜类蔬菜有菠菜、大（小）白菜、蕹菜、芹菜、空心菜、芫荽、韭菜、葱等，其初加工方法一般有摘剔老叶、老根、杂物，整理清洗，消毒等。

例1　小白菜的初加工（见图1–1）

初加工步骤：摘剔老叶、老根、杂物→盐水泡洗→放入清水洗净。

小白菜的初加工方法适用于大多数叶菜类蔬菜，如菠菜、瓢儿白等。

a)

b)

图1–1　小白菜的初加工

例 2　蕹菜的初加工（见图 1–2）

初加工步骤：摘剔→洗涤。

初加工方法：左手握住菜苗，右手食指和拇指配合，先摘去老根和老叶，再将可食用的嫩菜苗部分掐成 5 厘米左右的节，放入清水中浸泡 5 分钟，最后用清水洗净即可。蕹菜的质地非常细嫩，所以摘剔时不需用刀。

a)

b)

图 1–2　蕹菜的初加工

例 3　青菜的初加工（见图 1–3）

初加工步骤：摘剔→洗涤。

初加工方法：用刀切去青菜的老根后剥去黄叶和老叶，然后剥下可食用的嫩叶，连同菜心一起放入清水中清洗干净即可。夏季或秋季，青菜叶上的虫卵较多，可用盐水洗涤。

a)

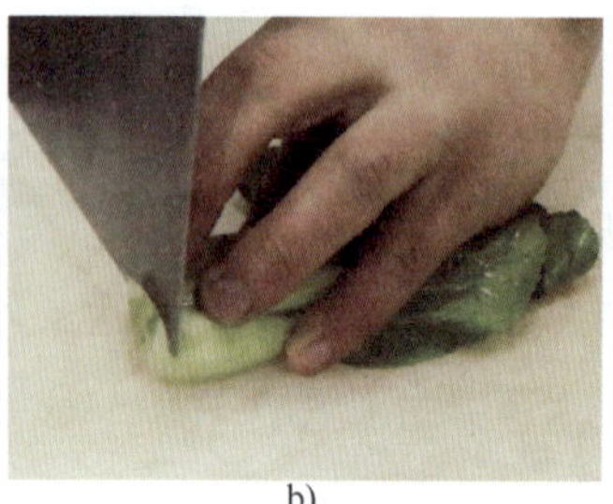
b)

c)

图 1–3　青菜的初加工

例 4　芹菜的初加工（见图 1–4）

初加工步骤：切去老根→抽打去叶→洗净待用。

初加工方法：用刀切去芹菜的老根后剥去老茎和老叶，然后取方竹筷两根，用方的一端用力抽打芹菜的叶片，直到芹菜叶片脱尽，再把芹菜放入清水中浸泡 5 分钟，最后用清水冲洗干净即可。在抽打芹菜叶子时，要注意用力均匀，并尽量做到把芹菜的各个部位都抽打一遍。

a)　　b)

图 1-4　芹菜的初加工

2. 根菜类蔬菜的初加工

根菜类蔬菜是指以植物膨大的根部为食用部位的原料。烹饪中常用的根菜类蔬菜主要有白萝卜、胡萝卜、心里美萝卜、根用芥菜、根用甜菜等，其初加工方法通常有切头去尾、刮去杂须、削去污斑、削皮、洗净等。

例 5　萝卜的初加工（见图 1-5）

初加工步骤：切去头尾→削去外皮→清水洗净待用。

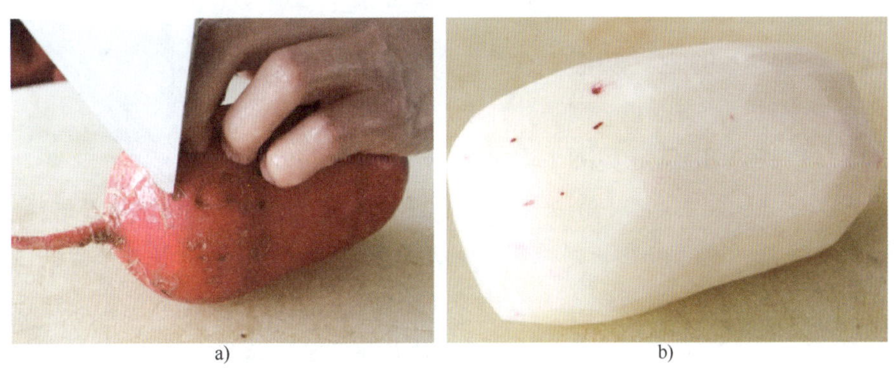

a)　　b)

图 1-5　萝卜的初加工

3. 茎菜类蔬菜的初加工

茎菜类蔬菜是指以植物的嫩茎或变态茎为食用部位的原料。按照茎菜类蔬菜的生长环境，可将其分为地上茎蔬菜和地下茎蔬菜两大类。烹饪中常见的品种主要有莴笋、竹笋、龙须菜、茭白、芋头、马铃薯、山药、洋姜、魔芋、藕、生姜、洋葱、大蒜、百合等。茎菜类蔬菜的初加工方法通常是先除去腐叶和腐茎，再削去老皮和老根，最后用清水洗净。

例 6　莴笋的初加工（见图 1-6）

初加工步骤：除去老叶、腐叶→削去老根、外皮→清水洗净→放入清水中浸泡待用。

a) b) c) d)

图 1-6 莴笋的初加工

例 7 洋葱的初加工(见图 1-7)

初加工步骤:削去老根→剥去外部老皮→清水洗净待用。

例 8 竹笋的初加工(见图 1-8)

初加工步骤:剥去毛壳→削去老根、硬皮→多次焯水→放入清水中浸泡待用。

初加工方法:先用刀在竹笋的外壳上从头至尾划一刀,然后将刀根紧嵌在原料的根部,左手握住原料,用力向左面滚动旋转,便可一次除去全部笋壳。最后再用刀切去笋的根部,并修净笋衣,用清水冲洗,多次焯水后放入清水中浸泡待用。

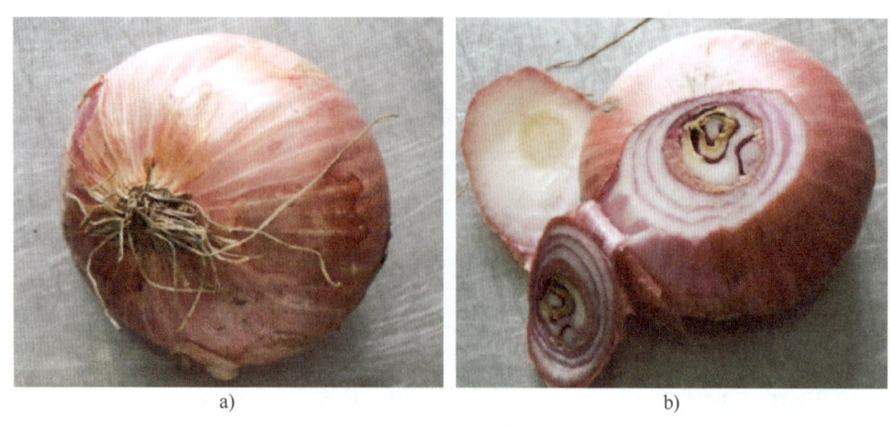
a) b)

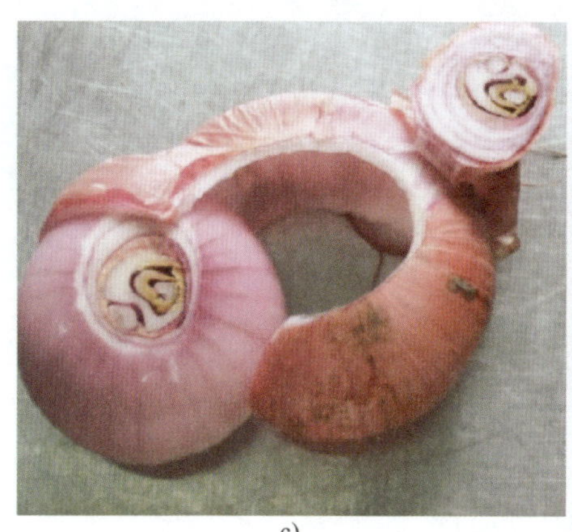
c)

d)

图 1-7　洋葱的初加工

a)

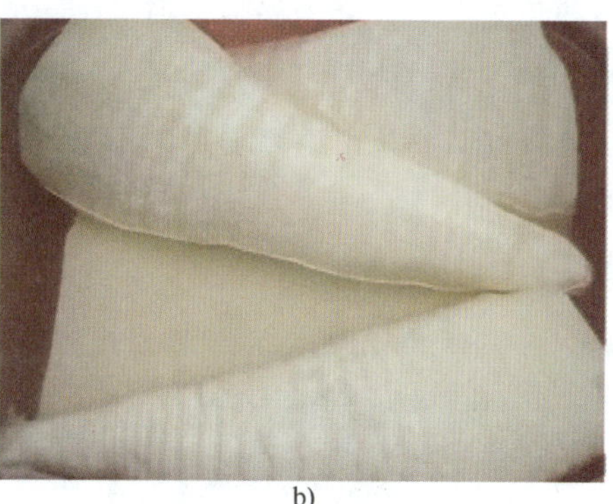
b)

图 1-8　竹笋的初加工

例 9　藕的初加工（见图 1-9）

初加工步骤：削（刮）去外皮→清水洗净→放入清水中浸泡待用。

初加工方法：先用刀切去藕的根部，再用刀刮去藕表面的黑衣或去皮，然后用清水冲洗，如果孔内污泥多而无法洗净，可用筷子或竹针穿入藕孔内，边捅边冲洗。如果污泥多且厚，无法捅出，可用刀沿着藕孔切开冲洗，最后放入清水中浸泡待用。

a)

b)

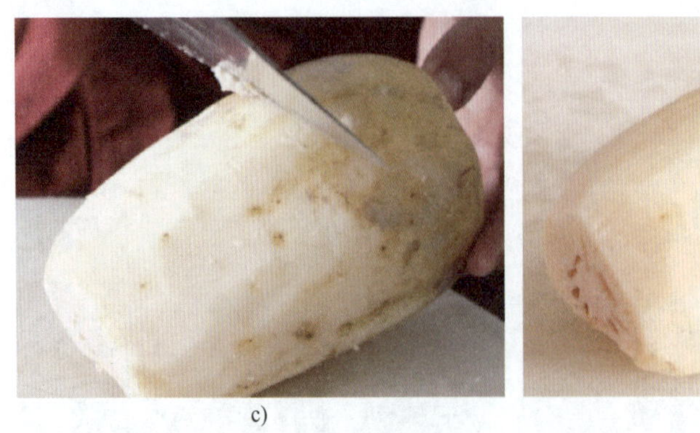
c)

d)

图 1-9 藕的初加工

例 10 茭白的初加工（见图 1-10）

初加工步骤：去壳→切根（削皮）→洗涤。

初加工方法：先用刀沿茭白壳划一刀，然后用手剥去外壳，切根后洗净即可。如茭白质地较老，要先用小刀削皮，再用清水洗净。

a)

b)

图 1-10 茭白的初加工

例 11 芋头的初加工（见图 1-11）

初加工步骤：刮去外皮→清水浸泡→洗净备用。

a)

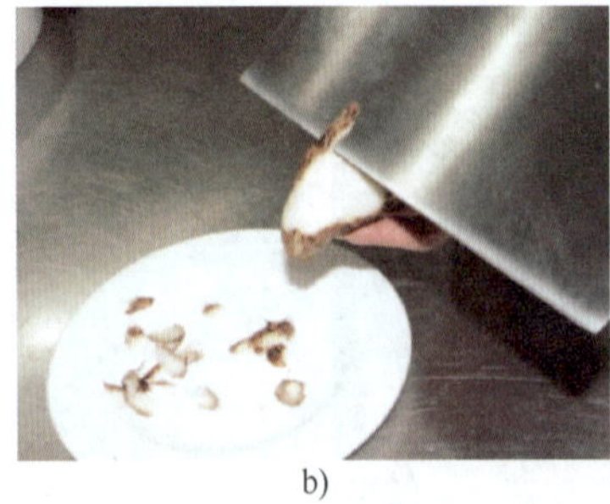
b)

c)

图 1-11 芋头的初加工

初加工方法：用刀刮去芋头的外皮，然后浸在清水中，边冲边洗，直到芋头色白、无污物、无白沫为止。芋头中含有丰富的鞣酸，去皮后应浸泡在水盆里。由于芋头表皮含有皂苷物，在去皮时，双手会感到奇痒难忍。因此在去芋头外皮之前，要先戴好手套，或在芋头上洒些醋，降低皂苷物对皮肤的刺激。

4. 果实类蔬菜的初加工

果实类蔬菜是指以植物的果实为食用部位的原料。果实类蔬菜按其成熟特点，可分为瓜果类、夹果类和茄果类。瓜果类蔬菜的主要品种有黄瓜、南瓜、冬瓜、丝瓜、苦瓜等，其初加工方法为去根、皮和瓤，清洗干净即可；夹果类蔬菜的主要品种有四季豆、豌豆、青豆等，其初加工方法为去除根部及筋膜，清洗干净即可；茄果类蔬菜的主要品种有番茄、茄子、甜椒等，其初加工方法与瓜果类相同。

例 12　丝瓜的初加工（见图 1–12）

初加工步骤：刮去表皮→切去瓜蒂、花托→放入清水中洗净待用。

初加工方法：质地较老的丝瓜，先用刨刀刨去皮，然后放入清水中冲洗干净；质地较嫩的丝瓜，用小刀刮去表面绿衣，再用清水冲洗干净即可。

a)

b)

c)

图 1–12　丝瓜的初加工

例 13　黄瓜的初加工（见图 1–13）

初加工步骤：切去瓜蒂、花托→放入清水中洗净待用。

a)

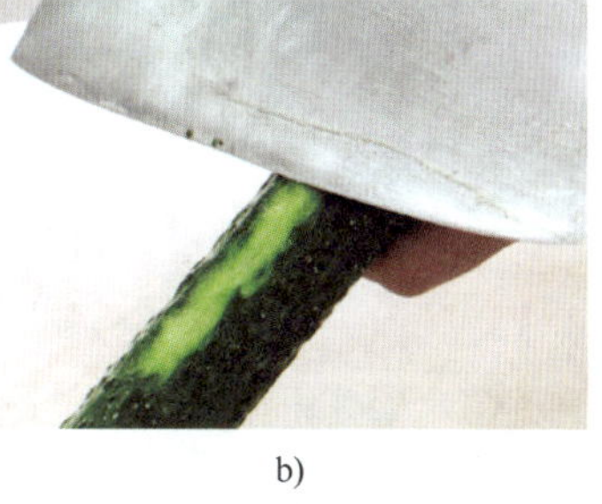
b)

c)

图 1–13　黄瓜的初加工

例 14　冬瓜的初加工（见图 1–14）

初加工步骤：削去老皮→切去瓜蒂→剖开，去瓜瓤→放入清水中洗净待用。

a)　b)　c)　d)

图 1–14　冬瓜的初加工

例 15　苦瓜的初加工（见图 1–15）

初加工步骤：削去老皮→切去瓜蒂→剖开，去瓜瓤→放入清水中洗净待用。

a)　b)　c)　d)　e)

图 1–15　苦瓜的初加工

例 16　四季豆的初加工（见图 1–16）

初加工步骤：摘除杂物、虫蛀→剔除果蒂及筋膜→放入清水中洗净待用。

a)　b)　c)　d)

图 1–16　四季豆的初加工

5. 花菜类蔬菜的初加工

花菜类蔬菜是指以植物的花为食用部位的原料。烹饪中常用的花菜类蔬菜主要有菜花、西兰花、黄花菜等，其初加工方法为去除根部，用清水洗净即可。

例 17　菜花的初加工（见图 1–17）

初加工步骤：削去老根→改刀→放入清水中洗净待用。

a)　b)

c)

d)

图 1-17　菜花的初加工

思考与练习

1. 举例说明新鲜蔬菜的初加工方法。
2. 为什么一般蔬菜都要先洗后切？

第三节　家禽类原料初加工技术

家禽类原料是烹制菜肴的重要原料之一，常用的有鸡、鸭、鹅、家鸽、鹌鹑等。家禽类原料的组织结构大致相同，因此初加工的方法也基本相同，一般都要经过宰杀、烫泡、煺毛、开膛取内脏、洗涤这几个环节。此外，家禽类原料的初加工还包括分档取料和整料出骨环节，因其操作技术难度较高，且涉及水产品的初加工，故将其单列在第二章中讲解。

一、家禽类原料初加工的质量要求

1. 宰杀时要将气管、血管割断，放尽血液

为了节约加工时间，宰杀时可同时割断家禽的气管与血管，使其迅速流尽血液。如果气管、血管没有完全割断，血就不能放净，会使肉色发红，影响菜肴成品质量。

2. 煺净禽毛

煺毛是决定家禽类原料初加工质量的重要一环，其技术要求较高，既要煺净禽毛，又要保证禽皮完整、无破损，以免影响菜肴的整体形态。这一环节的关键是烫泡时水温和烫泡时间长短的控制，总的原则是根据家禽的品种、老嫩和加工季节的变化而灵活掌握，如质老的水温高，时间长；夏季水温较冬季应偏低，时间应偏短。

3. 洗涤干净

应对家禽口腔、颈部刀口处、腹腔、肛门等部位重点冲洗，并反复清洗内脏，以去尽污物，有时还需用盐搓洗，以去除黏液和异味，确保原料的卫生。

4. 剖口正确

宰杀时，注意颈部的宰杀口要小，且不能太低；开膛时，应根据菜品的不同要求，选择不同的开膛方法。

5. 物尽其用

家禽体内各部分都有其用途，如肫、肺、心、肠等可用来烹制菜肴，头、爪可用来卤、酱、煮汤，有些内脏可供药用等。因此，在初加工时应注意保存原料，以提高其利用率。

二、家禽类原料初加工的方法

家禽类原料的初加工过程较为复杂，要求也比较严格，必须按照正确的步骤进行。初加工的具体方法主要体现在宰杀、煺毛、开膛取内脏及洗涤几大环节。下面以活鸡的初加工为例进行详细讲解。

1. 宰杀

宰杀前准备一个碗，碗内放少许盐和适量清水备用。宰杀时用左手握住鸡翅（见图 1–18a），小指勾住鸡的右腿（见图 1–18b），拇指和食指捏住鸡颈皮并反复向后收紧，使其气管和血管凸起在头颈部（见图 1–18c），将准备下刀处的毛拔去，用刀割断鸡的气管和血管（刀口要小，见图 1–18d），并迅速将鸡身下倾（鸡头朝下、鸡尾朝上），使其血液流入盐水碗中（见图 1–18e），再将血液与盐水搅匀即可。

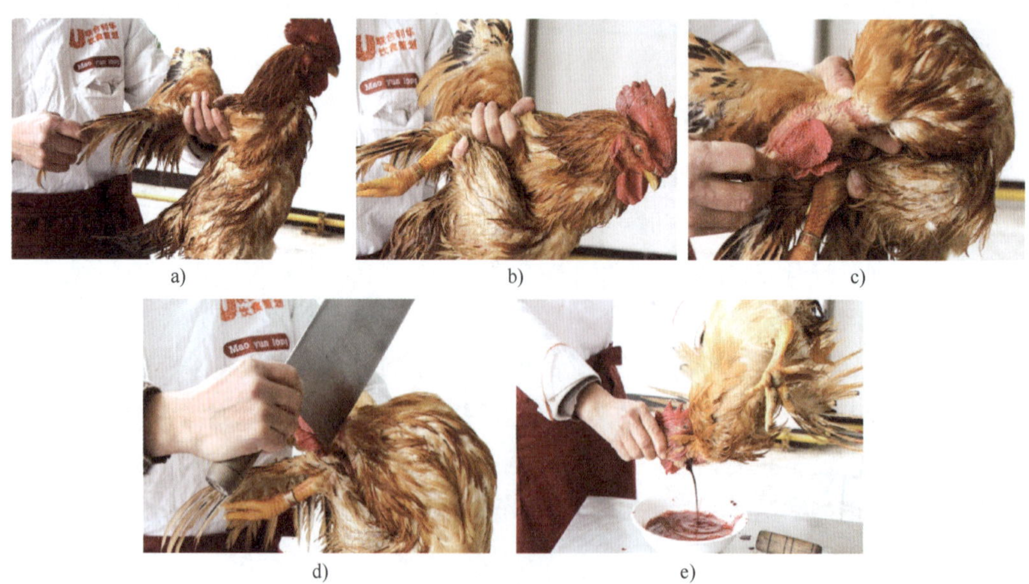

a)　b)　c)　d)　e)

图 1–18　鸡的宰杀

2. 煺毛

宰杀后，待鸡完全不动后方可进行烫泡、煺毛。烫泡过早会引起鸡肉痉挛而造成破皮，过迟则鸡体僵直、毛不易煺掉。烫泡时水温要适中（一般为 70 ~ 80 ℃），水温要根据鸡的品种、老嫩程度和环境温度等因素的变化灵活掌握；水量要充足，保证将鸡体烫匀、烫透，尤其是鸡的头部、腋下、脚部老皮等。煺毛时应掌握技巧，技术熟练的厨师讲究“五把抓”，即头颈、背、腹、两腿各抓一把，即可使鸡毛基本煺净。烫泡、煺毛过程如图 1–19 所示。

a) b) c) d) e) f)

g)

h)

图 1-19　鸡的烫泡与煺毛

3. 开膛取内脏

开膛的方法通常有腹开、背开和腋开三种。

（1）腹开

在鸡颈右侧靠近嗉囊处开一个小口，轻轻取出嗉囊、食道和气管，再在肛门与鸡胸之间划一条 5 ~ 6 厘米的刀口（见图 1-20），从刀口处用手轻轻掏出内脏，割断肛门与肠连接处，洗涤干净即可。此方法适用于一般的烹调方法。

操作视频

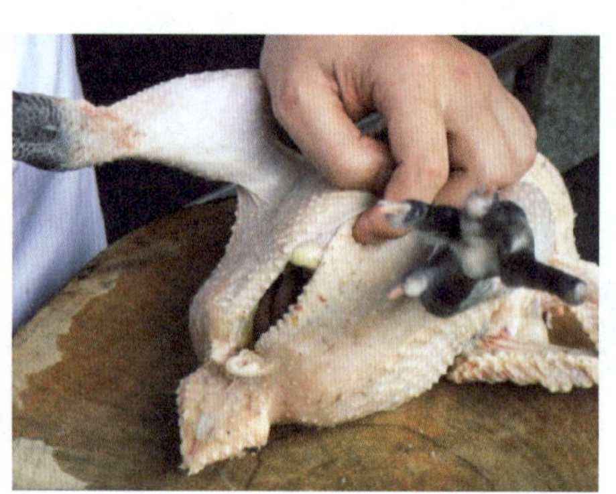

图 1-20　腹开

（2）背开

用左手稳住鸡身，使鸡背向右，右手用刀顺背骨劈开，掏出内脏（注意拉出嗉囊时用力要均匀适度），用清水冲洗干净即可。此方法适用于扒、蒸等烹调方法。

（3）腋开

将鸡身侧放，右翅向上，左手掌根稳住鸡身，手指勾起鸡翅，用右手执刀在右翅下开一个小口，再伸入右手中指和食指将内脏轻轻拉出（注意拉出嗉囊、食道和气管时用力要均匀适度），用清水反复冲洗干净即可。

不论采用何种方法开膛取内脏，都应注意以下两个方面：

第一，取内脏时，注意不能碰破肝、胆。

第二，内脏中的肫、肠、肝、心等均可烹制菜肴，不能随意丢弃。

4. 洗涤

家禽类原料经初加工处理后，最后还要除去绒毛和洗涤。

（1）除去绒毛

家禽类原料在宰杀、煺毛、取内脏后，其身体上还会残留很多细小的绒毛，不易用手清理干净，可用少许酒精（高度酒）涂抹后点燃，烧去残留的绒毛。

（2）洗涤

除正常冲洗禽身外，还应注意将易污染、易藏污的部位洗涤干净，如口腔的洗涤、颈部气血管和甲状腺的清除、腹腔的洗涤等。

三、家禽类原料初加工实例

1. 活鸡的初加工（适用于大型禽类）

初加工步骤：宰（割）杀→烫泡→煺毛→开膛取内脏→洗涤待用。

初加工方法：先准备一个空碗，放入 50 克清水和 3 克食盐。宰杀时左手握住鸡翅，小指勾住鸡的右腿，用拇指和食指紧紧捏住鸡的颈部（要收紧颈部的皮，手指放在颈骨后面，防止宰杀时割伤手指），右手将下刀处（一般在第一颈骨处）颈毛拔去，露出颈皮，再用右手执刀割断气管与血管（刀口要小，约 1.5 厘米）。宰杀后，用右手握住鸡头向下倾，左手提高鸡身，使鸡脚向上，将鸡血放进准备好的碗内。放尽血后，用筷子将血和盐水搅拌均匀，使其凝结。

待鸡停止挣扎，完全断气后，将其放入 80 ~ 90 ℃的热水中，先烫双脚，去掉鸡爪皮；再烫鸡头，剥去鸡嘴壳、煺去鸡头毛；然后烫翅膀和身体，依次煺毛；最后煺颈部的细毛及余毛。煺毛手法是“顺拔倒推”，即粗毛要顺着毛根拔，厚毛、细毛要用手掌和手指配合逆着毛孔推。毛煺去后，再根据烹调要求开膛取出内脏。

把鸡放入盆内用水冲洗，将鸡腹内外的血污、黏液以及颈部淋巴等污物全部去净并冲洗干净，再将内脏洗涤、整理干净即可。

2. 鸽子的初加工

初加工步骤：宰（溺）杀→烫泡→煺毛→开膛取内脏→洗涤待用。

初加工方法 1：用左手虎口握住鸽子的翅膀，右手抓住鸽子的头浸入水盆中，至鸽子窒息死亡。然后用 60 ℃的温水浸泡鸽子，拔毛后，在鸽子的腹部或背部开刀，剖开后将内脏取出，用清水冲洗干净即可。

初加工方法 2：用左手虎口握住鸽子的翅膀，右手将鸽子的嘴撬开，仍用左手按住，右手握小汤匙，将白酒灌入鸽子嘴中，直到鸽子完全断气后，将其放入热水中烫

泡，再用手轻轻地拔去毛。然后用刀在背部或腹部开一个刀口，将内脏取出，反复冲洗干净即可。

3. 鹌鹑的初加工

初加工步骤：宰（溺）杀→煺毛→开膛取内脏→洗涤待用。

初加工方法 1：左手虎口握住鹌鹑的翅膀，右手紧紧掐住鹌鹑的脊骨，用力扭断。然后左右两手配合，用力翻剥，将鹌鹑的皮毛去掉，用手拉破腹部的皮肉，将手指伸入，拉出全部内脏，用清水反复冲洗干净即可。

初加工方法 2：左手虎口握住鹌鹑的翅膀，右手拇指和食指紧紧掐住鹌鹑的鼻腔和口部，直到鹌鹑窒息死亡。然后用手拔去鹌鹑的毛，先用清水冲洗一下，再用剪刀将其腹部的皮肉剪开，拉出全部内脏，用清水反复冲洗干净即可。

初加工方法 3：右手虎口将鹌鹑的翅膀抓住（也可用布绳将其翅膀扎住，然后拎起右腿），用力往下摔，使鹌鹑的头撞在台角或砧墩上，摔至其双腿无法站立，头歪斜到一边。然后用温水烫或用手直接干拔去毛，再用剪刀将鹌鹑的腹部剖开，取出内脏，用清水反复冲洗干净即可。

四、家禽类原料内脏的初加工

禽类的内脏多可食用，加工时应坚持卫生的原则，并尽可能保护其营养成分。

1. 肝

先用手摘去附在肝叶上的胆，用刀割去印在肝叶上的胆色肝，再将肝放在清水盆里，左手将肝托起，右手轻轻地泼水漂洗，直到水清、肝转白色即可。清洗时切忌用水冲洗，泼水用力要轻，防止肝破碎。

2. 心

加工时，挤尽心内部的淤血，用清水洗净即可。

3. 肫

用剪刀顺着肫上部的贲门和连接肠子的幽门管壁将其剪开，冲洗去肫内的污物，剥取内壁黄皮（俗称鸡内金，可作药用，具有健脾消食的功效），然后用少许食盐涂抹在肫上，轻轻地揉擦，除去黏液，再用清水反复冲洗至无黏滑感即可（见图 1–21）。

4. 肠

加工时，先将肠理成直条，抽去附在肠上的两条白色胰脏，然后用剪刀头穿入肠中将其剖开，用水冲洗掉肠内的污物，再将肠放在碗内，加入食盐或米醋，用力揉擦以除去肠壁上的黏液，用清水反复冲洗，直到手感不黏滑、无腥膻气味即可。也可将处理、洗净后的肠放入沸水锅中略烫一下取出，但要注意时间不可过久，以免质老，难以咀嚼。

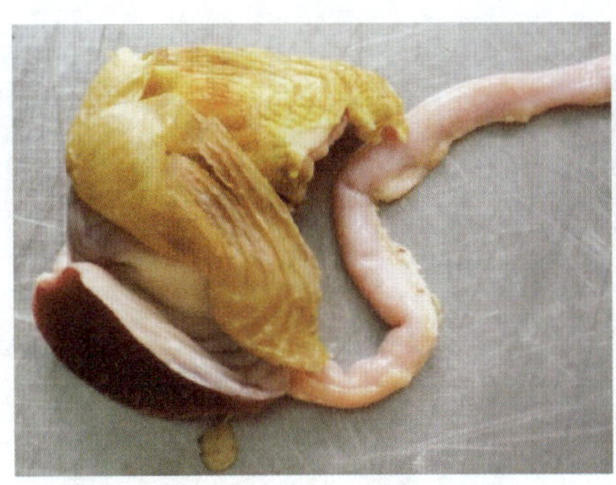
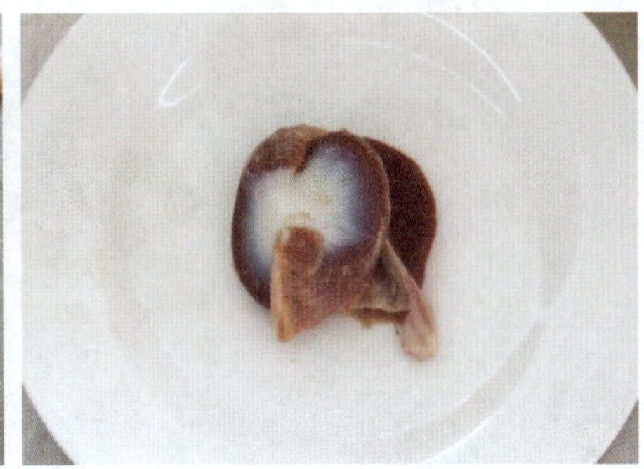

图 1-21　肫的初加工

思考与练习

1. 简述家禽类原料初加工的方法。
2. 家禽类原料的初加工有哪些要求?

第四节　家畜内脏类原料初加工技术

家畜的内脏包括肝、心、腰、肚、肠、肺等组织器官，由于这些原料大多污秽且油腻，并带有腥臭气味，因此在加工时必须反复清洗。

一、家畜内脏类原料初加工的质量要求

1. 洗涤干净、除去异味

家畜内脏中的污秽较多且非常油腻，特别是肠和肚，若不清洗干净就无法食用。家畜内脏的腥臊异味较重，在清洗时必须除掉，一般用明矾、盐或醋等进行搓洗，以去除原料中的黏液及异味，最后用清水冲洗干净即可。

2. 应遵循加工后不改变原料质地、保存营养的原则

家畜内脏初加工的根本原则是除净杂质异味，改进原料风味，但也应注意每一种原料都有其固定的质地和营养成分，因此在原料初加工时应尽量避免因过度加工或不当加工造成原料质地的变化或营养素的流失。

3. 严格质量鉴定，重视净料保管

家畜内脏中的污物很多且极易被污染，因此初加工前必须做好原料质量的鉴定并应及时进行加工处理，如果放置时间过长则异味很难去除，且内脏容易发黑。加工好的内脏净料要保管得当，防止其污染、腐败，并应尽快用于烹调。

二、家畜内脏类原料初加工的常用方法

家畜内脏的初加工方法相对比较复杂，烹饪中常用以下方法：

1. 里外翻洗法

里外翻洗法主要用于肠、肚等内脏的初加工，加工方法是将内脏里面外翻，用清水冲洗或用食盐、醋、明矾等搓洗后再用清水冲洗干净。此方法有利于保证原料的内外清洁卫生。

2. 搓洗法

搓洗法主要用于洗涤黏液、污秽较多的内脏，如肠、肚等。加工方法一般是先用食盐、醋、明矾等搓洗，再用清水洗净污物、油腻及黏液。此方法有去除异味的作用。

3. 烫洗法

烫洗法是将内脏投入开水锅中稍烫，当内脏开始卷缩、其色转白时立即捞出，然后再用刀刮洗，适用于肠、肚、舌、爪等的加工。

4. 刮洗法

刮洗法主要用于去掉内脏表面的黏液、污物以及一些原料上的残毛与硬壳等。这种方法多结合烫洗法进行，如舌的加工，先烫至舌苔发白，再用刀刮去舌苔并洗净即可。

5. 灌水冲洗法

灌水冲洗法主要用于肺的洗涤，由于肺中的气管和支气管组织复杂、气泡多，血污不易清除，因此加工时常将肺管套在水龙头上，使水直接灌入肺中，致使肺叶扩张，从而去除血污，直至其色发白，再剥去肺外膜洗净即可。

6. 清水漂洗法

清水漂洗法主要用于质地较嫩、易碎内脏的洗涤加工，如家畜的脑、髓、肝等原料。

三、家畜内脏类原料初加工实例

由于家畜内脏的组织结构大致相似，因此其初加工方法也基本相同。下面以猪内脏的初加工为例进行讲解。

1. 猪腰的初加工

初加工步骤：撕去外皮→平放，侧剖为两片→片去腰臊→清水冲洗待用。

初加工方法：猪心和猪肝的初加工方法很简单，只要用清水冲洗干净即可用于烹调。猪腰的初加工相对复杂，先用手撕去黏附在猪腰外面的筋膜和猪油（见图 1-22a），然后将猪腰平放在砧墩上，沿着猪腰的空隙处，采用拉刀法（刀身放平，

刀背向右，刀刃向左片进原料，将刀由外向里拉，片断原料）将猪腰片成两片（见图 1–22b），仍采用拉刀法，分别片去附在猪腰内部的白色髓质部（见图 1–22c），最后将片去腰臊的猪腰用清水冲洗干净即可。

a）撕去外皮

b）片为两片

c）片去腰臊

图 1–22　猪腰的初加工

2. 猪肠的初加工

初加工步骤：剥去肠外面的油脂→翻转肠，洗去污物→加醋反复搓洗→清水洗净→再翻转肠，揉搓、冲洗即可。

初加工方法：将猪肠放入盆内，加入少许食盐和醋，用双手反复揉搓，待肠上的黏液凝结、脱离，再用清水反复冲洗。然后将手伸入肠内，把口大的一头翻转过来，用手指撑开，灌入清水，肠子受到水的压力会逐渐地翻转，待肠子完全翻转后，用手摘去肠内壁上附着的污物，若无法摘去，可以用剪刀剪去，再用清水反复冲洗干净。再用上述套肠方法，将猪肠翻回原样。最后将洗干净的猪肠投入冷水锅，边加热边用手勺翻动，待水烧沸，肠的污物滚出后倒出，将肠冲洗干净即可（见图 1–23）。

a)　b)　c)　d)　e)　f)

图 1–23　猪肠的初加工

3. 猪肚的初加工

初加工步骤：洗去猪肚表面的污物→翻转搓洗→沸水烫泡→刮去白苔→浸泡干净。

初加工方法：将猪肚放入盆内，加入食盐和醋，用双手反复揉搓，使猪肚上的黏液凝结、脱离，用清水洗去猪肚上的黏液。将手伸入猪肚内，抓住猪肚的另一端，将其翻转过来，再加入食盐和醋继续揉搓，洗去黏液。然后将猪肚投入沸水锅内进行刮洗，待猪肚内壁光滑，再将猪肚翻过来，投入冷水锅，边加热边用手勺翻动，待水烧沸，即可去掉猪肚的腥膻、恶臭味，最后将猪肚浸泡在冷水中即可。

4. 猪肺的初加工

初加工步骤：肺管套在水龙头上→用清水反复冲洗至肺叶变白→剥去肺外膜→洗净待用。

初加工方法：用手抓住肺管，套在水龙头上，将水直接通过肺管灌入肺内（见图 1–24a），待肺叶充水胀大、血污外溢时，将猪肺取下平放在空盆内，用双手轻轻拍打肺叶，然后倒提使血污流出。如血污流出的速度很慢，可将双手平放在肺叶上用力挤压，将血污挤压出来（见图 1–24b）。按上述方法重复 3 ~ 4 次，至猪肺色白、无血污流出时，再用刀划破肺的外膜，用清水反复冲洗干净即可（见图 1–24c）。

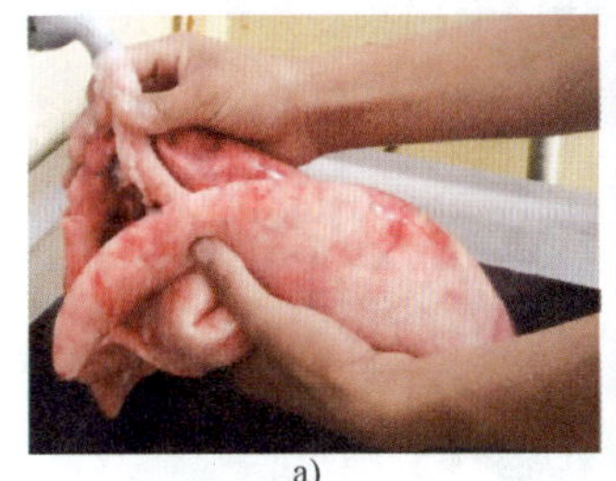
a)

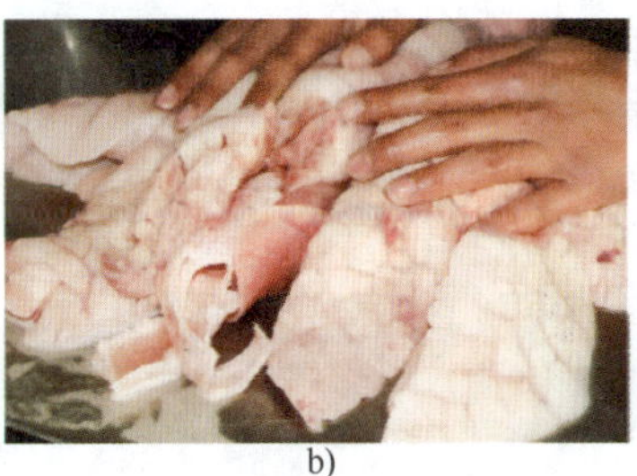
b)

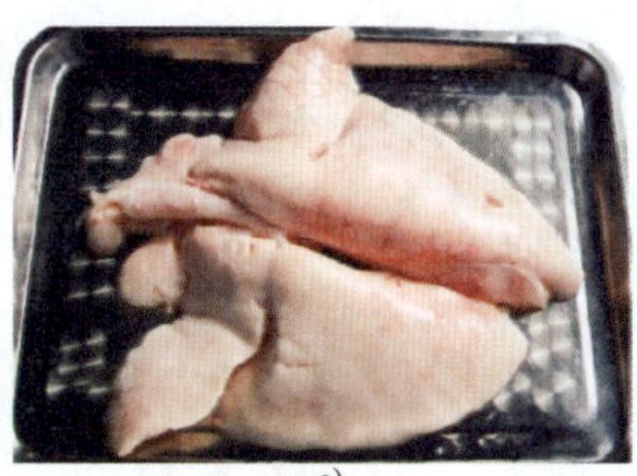
c)

图 1–24　猪肺的初加工

5. 猪舌的初加工

初加工步骤：冲洗→沸水刮洗→洗涤整理。

初加工方法：先将猪舌冲洗干净，然后放入沸水锅内烫泡（应掌握好加热时间，若时间过长，则舌苔发硬不易去除；若时间太短，则舌苔无法剥离），待舌苔发白时立即取出，用刀刮剥去除白苔，再用清水冲洗干净，并将淋巴去除（见图 1–25）。

6. 猪尾的初加工

初加工步骤：火燎去毛→热水刮洗→初步熟处理。

初加工方法：先用火烧猪毛，将猪尾上的毛燎去，再将其投入热水中，用手挤捏去油腻，然后投入热水锅中，边刮边洗，将猪尾上的污斑刮净，再用冷水洗净后投入冷水锅，加热至水烧沸，取出后用清水洗去污物即可。

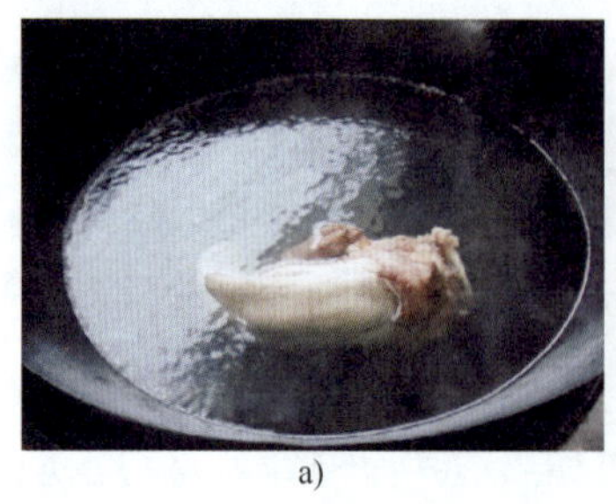
a)

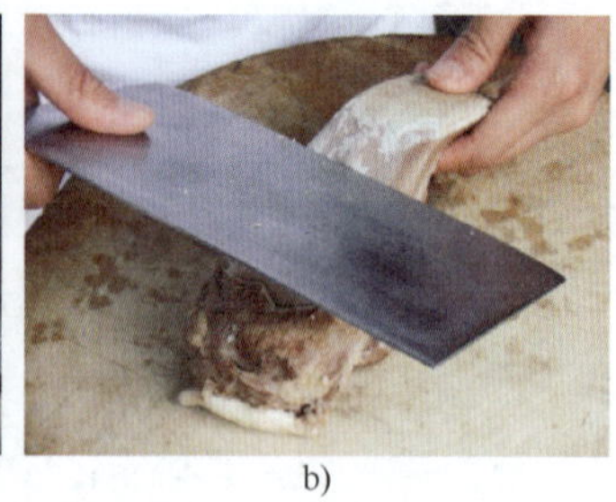
b)

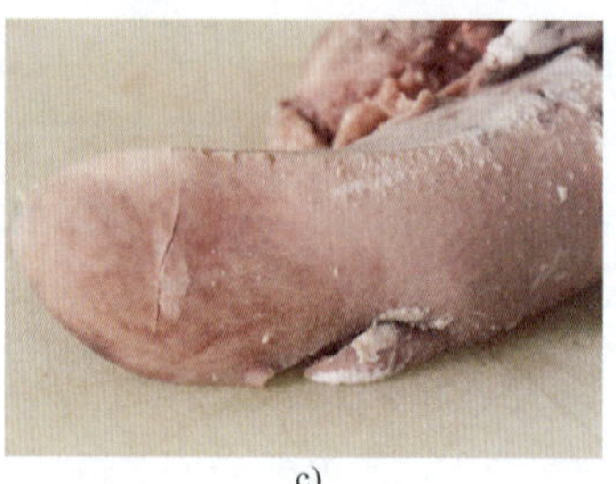
c)

图 1–25　猪舌的初加工

7. 猪爪的初加工

初加工步骤：火燎去毛→刮去硬皮→洗涤→初步熟处理。

初加工方法：将猪爪放在火上烤，待猪爪上的硬毛燎去、外皮焦黄时取下，放在清水盆中，用小刀刮去猪爪上的余毛和硬皮，然后用清水反复冲洗，除去污物。将清洗干净的猪爪投入冷水锅，边加热边搅拌，使猪爪受热均匀，待水烧沸，滚出猪爪的血污后捞出，用清水反复冲洗干净即可。

8. 猪脑的初加工

初加工步骤：挑出血丝→漂洗干净。

初加工方法：先用牙签剔去猪脑上的血筋、血衣，盆内放些清水，左手托住猪脑，右手轻轻地泼水漂洗，按此方法重复 3 ~ 4 次，直到水清、猪脑无异物脱落即可取出。由于猪脑的质地极其细嫩，洗涤时要十分小心，稍有不慎就会使原料破损，所以切记不可用水直接冲洗（见图 1–26）。

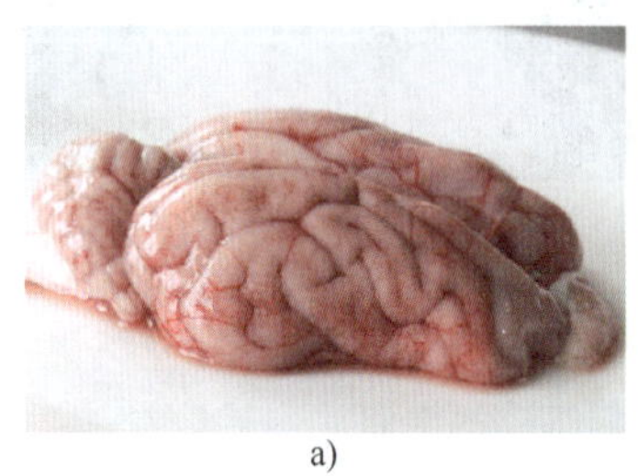
a)

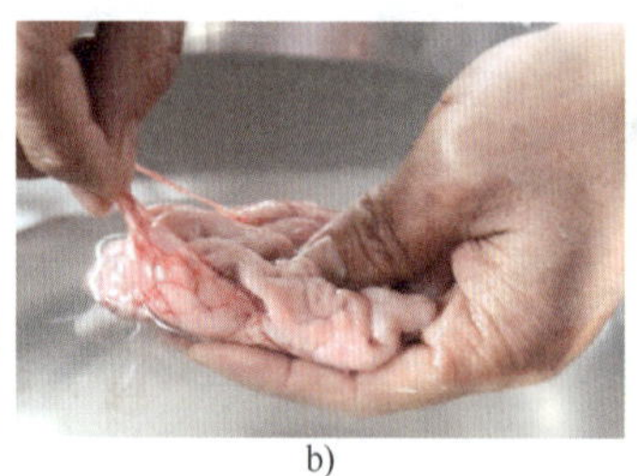
b)

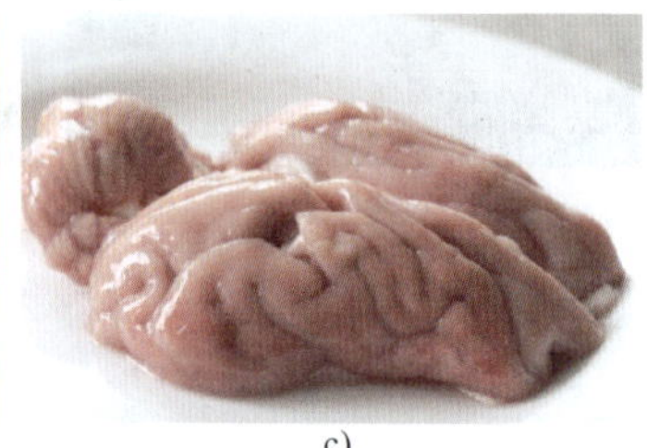
c)

图 1–26　猪脑的初加工

9. 猪油的初加工

初加工步骤：猪油切块→进行熬制。

初加工方法：将猪板油或肥肉用水洗干净，切成 2 厘米见方的块，烧热铁锅，将成形的板油或肥肉放入铁锅内，用小火将其熬化成油。也可将成形的板油或肥肉放在铝锅内，加入葱、姜、白酒和水，用火烧至油脂融化、水分挥发即可。用铁锅熬制的猪油，色泽微黄，清香，用水煮融化的猪油，色泽洁白，细腻少渣。

思考与练习

1. 家畜内脏类原料初加工有哪些要求?
2. 家畜内脏类原料初加工的方法有哪些?

第五节　水产品类原料初加工技术

水产品类原料种类繁多，食用价值较高，含有丰富的蛋白质、脂肪、无机盐和维生素等营养成分，能提供人体必需的氨基酸，且易于人体消化吸收，是非常重要的一类烹饪原料。由于水产品类原料品种多样、性质各异，食用与烹调方法各不相同，因此其初加工方法也各不相同，且相对比较复杂。

一、水产品类原料初加工的质量要求

1. 了解原料的组织结构，去除不能食用的部分，除去污物杂质

水产品中带有较多的血水、黏液、寄生虫等污秽杂物，并有腥臭味，必须除尽，以符合卫生要求，保证菜品质量。

2. 根据烹调成菜的要求进行加工

水产品的品种较多，要按照其品种及用途进行初加工。例如，一般鱼类都须去鳞，但鲥鱼就不能去鳞；多数鱼类要剖腹取出内脏，但黄鱼则要根据要求不剖腹，而是从口中将其内脏卷拉出来，使之保持鱼体的形态完整。此外，在加工时还要注意充分利用某些可食用部位，避免浪费，如黄鱼鳔、青鱼的肝等。

3. 切勿弄破苦胆

一般淡水鱼类均有苦胆，若将苦胆弄破，胆汁会使鱼肉的味道变苦，影响菜肴的质量，甚至无法食用，应在剖腹挖肠时加以注意。

二、水产品类原料初加工的方法

水产品类原料通常是指长期生活在水中的所有生物原料。根据其生长的水源不同，水产品类原料可分为海水产品和淡水产品两大类。根据其性质的不同，水产品类原料又可分为鱼类、虾蟹类、龟鳖类、软体动物类等。水产品类原料品种繁多、性质各异、用途广泛，其初加工方法也多种多样。

1. 鱼类原料的初加工

（1）鱼类原料初加工的基本要求

1）要根据鱼的不同用途和特点，选择适宜的加工方法：在烹调应用中，有些鱼是原条蒸，有些鱼是起肉分割切片，也有些鱼是打制鱼胶，不同的烹调应用决定了不同的初加工方法，去鳞、取肠脏的方法也不尽相同。

2）要除清污秽杂质，符合食品卫生安全要求：鱼类大都带有污秽杂质，有些甚至还带有微毒杂质，尤其是个别鱼类的刺、骨和鳍部，这些杂质对人体或多或少都有不良影响，因此加工时务必除清、除尽，以达到干净卫生、安全无害的要求。同时，注意宰杀时不要弄破苦胆。

3）要注意加工形态的标准要求：鱼类产品的烹制一般都有不同形态的要求，形态的整齐与美观很重要，因此初加工时要注意，如加工成菊花鱼或松子鱼，就有不同的标准和要求。

4）要满足节约成本要求，合理使用原料。很多鱼类全身都是宝，不仅鱼肉可食用，鱼皮、鱼骨、头部、尾部等都可以利用，能做成不同风味特色的菜品，因此要综合利用，提高使用率，节约成本。

5）要尽可能保存营养成分，提高食用价值。鱼类产品的营养价值一般都较高，初加工时要注意尽可能保存鱼的营养成分，减少营养素损失，提高鱼类产品的食用价值。

（2）鱼类原料初加工的基本方法

鱼类原料初加工的步骤：放血→刮鳞→去鳃→取内脏→洗涤、整理。

1）放血：有些鱼类（如生鱼）要先放血，其目的是使鱼肉质洁白、无血污、无腥味。放血的基本方法是将鱼按在砧板上，在鱼鳃外下刀，切断鳃根，随即放入盆内，让鱼挣扎，使血流尽。

2）刮鳞：刮鳞是将鱼类表皮上的鱼鳞刮除干净，通常是用鱼鳞刨或刀从鱼的尾部向头部方向刨刮，将鱼鳞刮干净，要注意刮时不要弄破鱼皮。无鳞鱼则要去除鱼身上的黏液。

3）去鳃：多数鱼的鱼鳃内都藏有污秽物，腥味重，必须挖除。除鳃时可用刀尖、剪刀、筷子或竹枝等将其挖清。

4）取内脏：一般鱼类原料取内脏的方法有以下三种。

开腹取脏法：在鱼的胸鳍与肛门之间直切一刀，剖开腹部，取出内脏，刮净黑膜。这种方法适用范围较广，尤其适用于淡水鱼类。

开背取脏法：沿着鱼的背鳍线下刀，切开鱼背，取出内脏及鱼鳃。这种方法一般适用于原条蒸的生鱼，或用于一些需剔出鱼骨、取净肉的鱼类。

夹鳃取脏法：在鱼的肛门前 1 厘米处横切一刀，然后用粗筷子或长钳从鱼鳃盖插入夹住鱼鳃缠扭，在拧出鱼鳃的同时也把内脏取出。这种方法一般用于较名贵的鱼类，如石斑鱼、鳜鱼、鲈鱼等。

5）洗涤、整理：经上述步骤加工的鱼类，最后需要用水冲洗干净，并略作整理待用。

2. 虾、蟹类原料的初加工

虾、蟹属于节肢类动物，生活在淡水或海水中，虾类主要有龙虾、龙虾仔、基围虾、对虾、毛虾、河虾等，蟹类主要有肉蟹、膏蟹、花蟹、雪蟹等。

（1）虾类

虾类的初加工是先剪去虾枪、虾须，挑出头部沙袋，再从背脊处用刀划开，剔去虾筋、虾肠即可。

（2）蟹类

蟹类的初加工是先用刷子将蟹壳刷洗干净，去除蟹壳，再用清水清洗干净即可。

3. 软体动物类原料的初加工

软体动物是低等动物中的一门，其身体柔嫩，不分节，因大多数软体动物都有贝壳，故通常又称为贝类，主要有田螺、扇贝、蛤蜊、蛏子等。

（1）田螺

我国常见且分布较广的田螺是中华圆田螺，主要生长在淡水湖泊中，其初加工方法是先在盆中放入清水并加入食盐，将田螺放入盆内浸泡 2 天，待其吐尽泥沙，再反复清洗干净，用钳子钳去尾尖即可。另外，还有一种方法是将其用沸水煮至离壳，用竹签挑出螺肉，洗净即可。

（2）扇贝

采用专用工具将壳撬开，剔除内脏，用水洗去泥沙，即可烹调。

（3）蛤蜊

初加工时先将蛤蜊放入 2% 的盐水中浸泡，促使其吐出腹内泥沙，然后将其放入沸水锅中煮至蛤蜊壳张开后捞出，去壳留肉，再用澄清的原汤洗净即可。

（4）蛏子

蛏子的初加工方法是先将两壳分开，取出蛏子肉，挤出沙粒，再用清水洗净即可。

三、鱼类原料初加工实例

1. 鲫鱼

鲫鱼又称鲫瓜子、刀子鱼，是我国产量较高的淡水鱼之一，以春秋两季出产的肉质最为肥美。鲫鱼可用于蒸、炸、焗、炖、酥等烹调方法，常见的菜式有“糖醋鲫鱼”“陈皮丝蒸鲫鱼”等。

初加工步骤：刮鳞→去鳃→开膛取内脏→清水洗净待用。

初加工方法：左手按住鱼头，右手握刀从尾至头刮去鱼鳞，再用刀挖去鱼鳃，然后用刀或剪刀从肛门至胸鳍将其腹部剖开，取出内脏并剥去腹内黑膜，最后冲洗干净即可（见图 1–27）。

a)　b)　c)　d)

图 1–27　鲫鱼的初加工

操作视频

2. 黄鳝

黄鳝又称黄鳝鱼、长鱼，我国除西北高原外各地水域均有出产。黄鳝多用于炸、炒、焗、煲等烹调方法，常见的菜式有“炸鳝丝”“炒鳝糊”“枝竹黄鳝煲”“五彩黄鳝丝”“黄鳝煲仔饭”等。

初加工方法：用途不同，加工方法不同。

（1）用于焖：用剪刀剪开腹部，去肠脏，斩成 4 厘米的段，洗净黏液即可。

（2）用于起肉：用叉将黄鳝头插在砧板上，用刀沿着脊骨切开至尾部，然后在头部将鳝骨切断，将刀身平贴鳝肉，将鳝脊骨片出，洗净黏液即可。

（3）用于加工膳丝：先将黄鳝放入盛器中，加入适量的盐和醋（加盐的目的是使鳝鱼肉中的蛋白质凝固，“划鳝丝”时鱼肉结实；加醋的目的则是去除腥味和黏液），然后倒入沸水锅，立即加盖，用旺火煮至黄鳝嘴张开，捞出放入冷水中浸泡，洗净白涎，最后用竹制刀从颈部刺入，紧贴脊骨划成鳝丝，切段备用。

（4）用于加工膳片：先将黄鳝头钉于木板上，用左手紧握黄鳝身，右手用刀从黄鳝颈部横割一刀，然后用刀尖紧贴脊骨往下拉到尾部，剔净脊骨和内脏，切去鱼头，用5%的食盐水洗净备用。

3. 甲鱼

初加工步骤：宰杀→烫皮→开壳→取内脏→焯水→洗涤。

初加工方法：先将甲鱼腹部朝上，待甲鱼伸出头时，用刀对准其颈部割断血管和气管，放尽血后放入70～80℃的热水中，烫泡2～3分钟取出（水温和烫泡时间可根据甲鱼的老嫩和季节的不同灵活掌握），搓去其周身的脂皮。然后从甲鱼裙边下面两侧的骨缝处割开，掀起背甲，挖去内脏后用清水洗净（见图1-28）。另将甲鱼的肝、肠洗净（可食用）。

图1-28　甲鱼的初加工

4. 草鱼

草鱼的烹调方法较多，可用于原条蒸或起肉切片，常用于蒸、炸、炆、炒、油泡、滚等烹调方法，常见的菜式有“清蒸草鱼”“吉列炸鱼块”“西湖菊花鱼”“鲜笋炒鱼片”“煎滚鱼头汤”“腐竹焖草鱼”“红烧草鱼”等。

初加工方法：用途不同，加工方法不同。

（1）用于原条蒸或焖和红烧：先去鱼鳞，剖开腹部，取出内脏，刮净黑膜，洗净即可。

（2）用于加工松子鱼或菊花鱼：去鱼鳞，去鳃，剖开腹部，取出内脏，刮净黑膜，在头身交界处切断鱼头，在刀口处下刀，平刀紧贴脊骨，从头颈部至尾部片出一边的鱼肉（带尾），用同样的方法片出另一边的鱼肉，片去腩骨，洗净。

（3）用于起肉切片、改鱼块：去鱼鳞，剖开腹部，取出内脏，刮净黑膜，洗净。在尾部下刀，平刀紧贴脊骨，从尾部至头颈部，起出一边鱼肉，再起出另一边鱼肉，洗净即可。

5. 鳙鱼

鳙鱼又称大头鱼、胖头鱼，是我国四大淡水养殖鱼之一，生长速度快，四季均产。鳙鱼的烹调应用较为广泛，可用于原条蒸或起肉切片，也可用于制作鱼茸，鱼头还可单独成菜。鳙鱼可用于蒸、炸、炆、炒、油泡、滚等烹调方法，常见的菜式有“红烧鳙鱼头”“煎滚鱼头汤”“天麻炖鱼头”等。

初加工方法：用途不同，加工方法不同。

（1）鱼头可单独做菜：将鱼头斩成块（约30克），洗净鳃根处的泥沙即可。

（2）用于起肉切片或制作鱼胶：去鱼鳞，去鱼鳃，在鱼身肛门靠尾部落刀，紧贴脊骨起出一边鱼肉，再起出另一边鱼肉，洗净即可。

（3）用于焖和炸：去鱼鳞，去鱼鳃，剖开腹部，取出内脏，刮净黑膜，斩件，洗净即可。

6. 鲤鱼

鲤鱼为我国四大淡水鱼之一，可用于蒸、炸、焗、熏等烹调方法，常见的菜式有“糖醋鲤鱼”“陈皮丝蒸鲤鱼”“红烧黄河鲤鱼”等。

初加工方法：将鱼去鳞（有些鲤鱼可不去鳞），用平刀从鳃下至尾部肛门将鱼腹中间剖开，取出内脏，刮净黑膜，去鱼鳃，洗净即可。

7. 罗非鱼

罗非鱼又称非洲鲫、福寿鱼，原产于非洲，后引进我国，以两广地区所产较多。罗非鱼的烹调方法有蒸、炸、焗等，常见的菜式有“煎封罗非鱼”“清蒸罗非鱼”“红焖罗非鱼”等。

初加工方法：刮去鱼鳞，再用平刀从鳃下至尾部肛门将鱼腹中间剖开，取出内脏，刮黑膜，去鱼鳃，洗净即可。

8. 鲮鱼

鲮鱼又称土鲮鱼、花鲮，以华南及西南等地较为多产。鲮鱼可用于蒸、炸、煲、煎等烹调方法，常见的菜式有“煎酿鲮鱼”“粉葛煲鲮鱼”等。

初加工方法：用途不同，加工方法不同。

（1）用于原条蒸或煲：去鱼鳞，剖开腹部，取出内脏，刮净黑膜，洗净即可。

（2）用于起肉，制作鱼胶：去鱼鳞，去鳃，在鱼身肛门靠尾部落刀，紧贴脊骨起出一边鱼肉，再起出另一边鱼肉，洗净即可。

（3）用于煎酿：去鱼鳞，剖开腹部，取出内脏，刮净黑膜，洗净，在腹部的开口处入刀，剥皮，起出鱼肉，使鱼头、鱼皮、鱼尾相连。

9. 生鱼

生鱼又称黑鱼、乌鳢，各地均产。生鱼的烹调应用较为广泛，可用于蒸、煮、煲、炸、炒、油泡、滚等烹调方法，常见的菜式有“豉油皇蒸生鱼”“碧绿生鱼卷”“香滑生鱼球”“鲜笋生鱼片”“西洋菜煲生鱼”等。

初加工方法：用途不同，加工方法也不同，但生鱼宰杀前都应先放血。

（1）用于煲汤：去鱼鳞，剖开腹部，取出内脏，刮净黑膜，洗净黏液、血污即可。

（2）用于原条蒸：采用开背取脏法，左手按住生鱼于砧板上，右手执刀，用刀尖从鳃盖处插入，切断鳃根，让生鱼流尽血至死，然后去鳞，起出胸鳍和腹鳍，从尾部向头部下刀，紧贴脊骨将两边鱼肉切离，劈开鱼头，起出脊骨，去鱼鳃和内脏，使鱼头、鱼腩肉、鱼尾相连成龙船形，洗净即可。

（3）用于起肉：用刀尖从鳃盖处插入，切断鳃根，放血，去鳞，起出腹鳍和背鳍，从尾部向头部下刀，紧贴脊骨将两边鱼肉起出，洗净即可。

10. 鳜鱼

鳜鱼又称桂鱼、季花鱼、桂花鱼，为较名贵的淡水鱼类，被称为我国“四大淡水名鱼”，各地均产。鳜鱼的烹调方法较多，可用于蒸、炸、焖、炒、油泡等，常见的菜式有“豉油皇蒸鳜鱼”“碧绿鳜鱼卷”“油泡鳜鱼球”“松鼠鳜鱼”等。

初加工方法：用途不同，加工方法不同。

（1）用于原条蒸：采用夹鳃取脏法，先放血、去鳞，在肛门上方 1 厘米处横切一刀，切断肠头，然后用专用的粗筷或铁钳，从鳜鱼鳃盖插入鱼腹，先顺一个方向扭动，在拉出鱼鳃的同时拧出内脏，冲洗干净即可。

（2）用于起肉：采用开腹取脏法，与草鱼加工方法基本相同。

11. 龙利鱼

龙利鱼又称鳎沙、挞沙，主要产于珠江口一带，以三水区所产的金边龙利为佳。龙利鱼可用于蒸、炒、油泡、煎等烹调方法，常见的菜式有“豉汁蒸龙利”“油泡龙利球”“煎封龙利鱼”等。

初加工方法：用途不同，加工方法不同。

（1）用于原条蒸：采用开腹取脏法加工。

（2）用于起肉：将宰杀干净的龙利鱼平放在砧板上，从尾部向头部下刀，紧贴脊骨将两边鱼肉起出，洗净即可。

12. 鲥鱼

鲥鱼即鮰鱼，各地均产。鲥鱼适用于多种烹调方法，如蒸、焖、炒、炸等，常见的菜式有“豉汁蒸鲥鱼”“蒜子焖鲥鱼”“红烧鲥鱼”等。

初加工方法：用途不同，加工方法不同。

（1）用于原条蒸：在鱼的头身交界处下刀，将鱼头劈开，去掉鱼鳃和内脏，在鱼背脊处下刀，相隔 2 厘米均匀剞刀，要切断脊骨，使鱼腹相连，洗净黏液即可。

（2）用于起肉：用平刀从鱼尾部至头部紧贴脊骨，将两侧的鱼肉起出。

（3）用于焖、红烧：在鱼的头身交界处下刀，将鱼头劈开，去掉鱼鳃和内脏，斩块（重约 30 克），洗净黏液即可。

（4）用于起鲥腩：在鱼的头身交界处下刀，将鱼头劈开，去掉鱼鳃和内脏，沿着鱼腩两侧切出鲥鱼腩。

13. 塘虱

塘虱又称胡子鲶、塘利鱼，以长江以南地区多产。塘虱有本地塘虱和埃及塘虱两种。本地塘虱鲜美、结实，而埃及塘虱则土腥味重、肉质松软。塘虱适用于多种烹调方法，如蒸、焖、煲、炒、油泡等，常见的菜式有“豉汁蒸塘虱”“油泡塘利球”“塘虱黑豆煲”“红烧胡子鲶”等。

初加工方法：用途不同，加工方法不同。

（1）用于蒸：将鳃根斩断，取出内脏和头部两团花状物，在鱼背脊处下刀，相隔 2 厘米均匀剞刀，切断脊骨，仅鱼腹相连，洗净黏液即可。

（2）用于起肉：将鳃根斩断，取出内脏和头部两团花状物，洗净黏液，用平刀从鱼尾部至头部紧贴脊骨将两边的肉起出即可。

（3）用于焖：将鳃根斩断，取出内脏和头部两团花状物，洗净黏液，斩块即可。

14. 白鳝

白鳝又称鳗鱼、鳗鲡，属洄游性鱼类，主要产于长江、珠江、闽江流域及海南岛等江河、湖泊，以冬季出产的白鳝最为肥美。白鳝的烹调应用较广，可用于炸、煎、

焗、蒸、炖、扒、炒、油泡等烹调方法，常见的菜式有“豉汁蟠龙鳝”“串烧白鳝”“香煎金钱白鳝”等。

初加工方法：先将白鳝掷晕，在头后颈部斩一刀放血，然后在肛门上方横切一刀，从鳃部拉出肠脏，用盐擦或热水烫的方法去除黏液，洗净后根据不同用途，采用不同的加工方法。

（1）用于起肉：用叉将白鳝头插在砧板上，用刀沿着脊骨切开至尾部，然后在头部将鳝骨切断，将刀身平贴鳝肉，将脊骨片出即可。

（2）用于焖：将白鳝斩成段（约 35 克）即可。

15. 石斑鱼

石斑鱼又称石樊鱼，主要产于我国沿海地区，尤以广东沿海（如湛江）等地多产。石斑鱼品种较多，常见的品种有老鼠斑、东星斑、红斑、青斑、黑斑（又称龙趸，体形巨大，皮色较深）等。石斑鱼烹调应用广泛，可用于蒸、煲、红烧、炸、炒、油泡等烹调方法，常见的菜式有“清蒸石斑鱼”“麒麟石斑”“碧绿石斑球”“吉列石斑块”“石斑肉煲汁”等。

初加工方法：用途不同，加工方法不同。

（1）用于原条蒸：先放血、去鳞，在肛门上方 1 厘米处横切一刀，切断肠，然后用专用的粗筷或铁钳，从石斑鱼鳃盖处插入鱼腹，然后顺一个方向扭动，在拉出鱼鳃的同时拧出内脏，冲洗干净即可。

（2）用于起肉：采用开腹取脏法，执刀贴着鱼脊骨，将两边鱼肉分别起出即可。

16. 鲈鱼

鲈鱼又称花鲈、板鲈、青鲈等，有海水鲈与淡水鲈两种，品种较多，各地均产，以上海松江鲈鱼最为有名。鲈鱼的烹调应用广泛，可用于蒸、煲、红烧、炸、炒、焗、油泡等烹调方法，常见的菜式有“清蒸鲈鱼”“碧绿鲈鱼球”“锡纸烧汁焗鲈鱼”“玉米鲈鱼粒”等。

初加工方法：用途不同，加工方法不同。

（1）用于原条蒸：采用夹鳃取脏法加工。

（2）用于起肉：采用开腹取脏法，执刀贴着鱼脊骨，将两边鱼肉分别起出即可。

17. 鲳鱼

鲳鱼又称白鲳、银鲳、镜鲳等，为较名贵的食用海洋鱼类，我国沿海地区均产，以东海和南海出产较多。鲳鱼可用于煎、蒸、焖、炸等烹调方法，常见的菜式有“煎封鲳鱼”“清蒸鲳鱼”等。

初加工方法：用途不同，加工方法不同。

（1）用于原条蒸、煎：采用开腹取脏法加工，洗净即可。

（2）用于起肉：将鲳鱼刮去鱼鳞、去鳃后，执刀贴着鱼脊骨将两边鱼肉分别起出即可。

18. 马鲛鱼

马鲛鱼又称鲅鱼、蓝点马鲛，是我国沿海地区多产的经济食用鱼类。马鲛鱼多用于煎、炸、焖等烹调方法，也可用于起肉制鱼胶，常见的菜式有"煎封马鲛""锦绣鱼青丸"等。

初加工方法：采用开腹取脏法，去除鱼的内脏、鳃，洗净即可。如用于起肉，则执刀贴着鱼脊骨，将两边鱼肉起出；如用于焖，则斩块即可。

19. 马友鱼

马友鱼学名四指马鲅，民间俗称祭鱼、鲤后、午笋鱼等，广东省西部沿海地区较为多产。马友鱼可用于煎、焖、炸等烹调方法，常见的菜式有"煎封马友鱼""红烧马鲅鱼""干烧马鲅鱼"等。

初加工方法：采用开腹取脏法，去除鱼的内脏、鳃，洗净即可。如用于起肉，则执刀贴着鱼脊骨，将两边鱼肉起出；如用于焖，则斩块即可。

20. 大黄鱼

大黄鱼的烹调应用十分广泛，可用于蒸、煲、红烧、炸、炒、煎、油泡等烹调方法，常见的菜式有"清蒸大黄鱼""碧绿黄鱼球""吉列黄鱼块""红烧大黄鱼"等。

初加工方法：用途不同，加工方法不同。

（1）用于原条蒸：采用夹鳃取脏法加工。

（2）用于起肉：采用开腹取脏法，执刀贴着鱼脊骨，将两边鱼肉分别起出即可。

（3）用于焖、红烧：采用开腹取脏法，去内脏，去鳃，洗净，斩块即可。

21. 大地鱼

大地鱼又称左口、偏口、方片鱼，是比目鱼的一类，我国沿海地区均产，为较名贵的海产鱼之一。大地鱼可用于蒸、炒、煎、红烧、油泡等烹调方法，常见的菜式有"清蒸大地鱼""油泡鱼球"等。

初加工方法：用途不同，加工方法不同。

（1）用于原条蒸：采用开腹取脏法加工。

（2）用于起肉：采用开腹取脏法，将宰杀干净的大地鱼平放在砧板上，从尾部向头部下刀，紧贴鱼脊骨将两边鱼肉起出，洗净即可。

22. 多宝鱼

多宝鱼学名大菱鲆鱼，原产于欧洲大西洋海域，是世界公认的优质比目鱼之一，现在多为人工养殖。多宝鱼肉质鲜嫩，可用于蒸、炒、红烧、煎、焗、炸、油泡等烹调方法，常见的菜式有"清蒸多宝鱼""油泡鱼球""煎封多宝鱼"等。

初加工方法：用途不同，加工方法不同。

（1）用于原条蒸：采用开腹取脏法加工。

（2）用于起肉：将宰杀干净的多宝鱼平放在砧板上，从尾部向头部下刀，紧贴鱼脊骨刮鳞、去鳃，开膛取内脏，清水洗净即可（见图 1–29）。

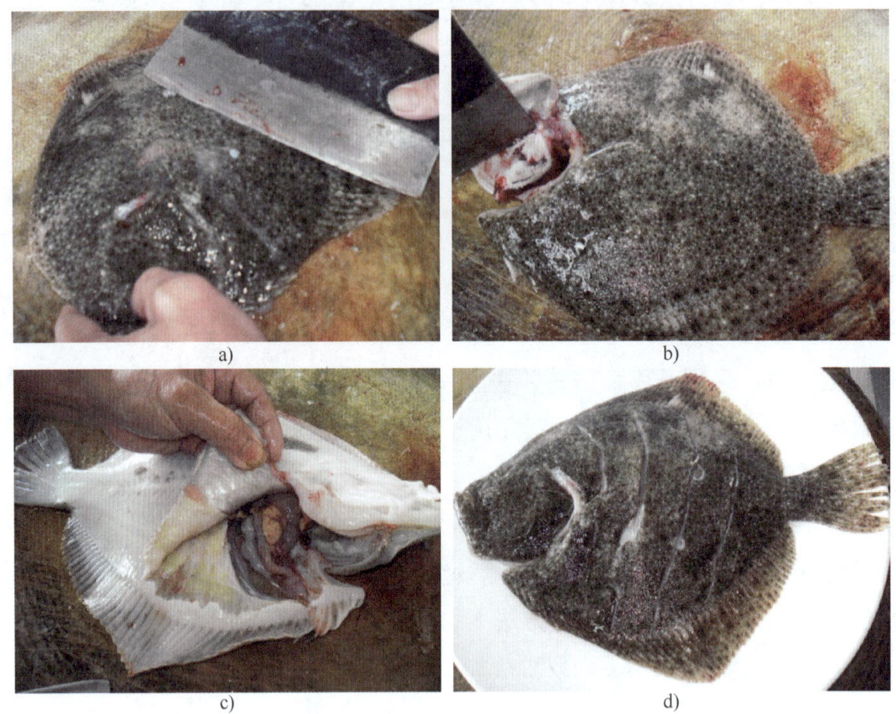

a) b) c) d)

图 1–29　多宝鱼的初加工

23. 丁桂鱼

丁桂鱼又称须鱼岁，有“黑鱼”之称，现多为人工养殖。丁桂鱼的用法较多，可用于蒸、炸、焖、炒、油泡等烹调方法，常见的菜式有“清蒸丁桂鱼”“碧绿丁桂鱼卷”“油泡丁桂鱼球”“红烧丁桂鱼”等。

初加工方法：用途不同，加工方法不同。

（1）用于原条蒸：采用夹鳃取脏法，先放血、去鳞，在肛门上方 1 厘米处横切一刀，切断肠头，再用专用的粗筷或铁钳，从丁桂鱼鳃盖插入鱼腹，然后顺一个方向扭动，在拉出鱼鳃的同时拧出内脏，冲洗干净即可。

（2）用于起肉：采用开腹取脏法，与草鱼加工方法基本相同。

（3）用于焖：采用开腹取脏法，将鱼斩块即可。

24. 带鱼

带鱼的表面虽没有鳞片，但其发亮的银鳞仍有入口油腻的缺点，所以一般都要刮去。带鱼骨刺少，肉质鲜美，可用于炸、红烧、焖等烹调方法，常见的菜式有“炸带鱼”“红烧带鱼”“酥焖带鱼”等。

初加工步骤：刮鳞→取内脏→清洗干净。

初加工方法：右手用刀从头至尾或从尾至头来回刮动，刮去银鳞。然后用剪刀沿着鱼背从尾至头剪去背鳍，再用剪刀沿着肛门处向头部划动剖开腹部，用手挖去内脏和鱼鳃，剪去尖嘴和尖尾，再用水反复冲洗，洗去银鳞、血筋、淤血等污物。

四、虾、蟹类原料初加工实例

1. 青虾

青虾又称河虾、草虾，我国各地均产。青虾可用于白灼、蒸、炒、炸、煎等烹调方法，常见的菜式有“白灼青虾”“脆炸直虾”“滑蛋虾仁”“大良煎虾饼”等。

初加工方法：用途不同，加工方法不同。

（1）用于白灼：原条洗净即可。

（2）用于取肉：将鲜虾先冷藏 1 小时，取出，剥虾头、虾壳和虾尾即可。

（3）用于脆炸：剥去虾头、虾壳，留虾尾，挑去虾肠，在虾身横剞三刀即可。

（4）用于制作虾碌：剪去虾须、虾枪、虾爪、虾足，挑去虾肠，洗净即可。

2. 罗氏沼虾

罗氏沼虾又称大头虾、淡水龙虾，全国各地均产。罗氏沼虾可用于白灼、蒸、炒、炸、煎等烹调方法，常见的菜式有“白灼罗氏虾”“脆炸直虾”“滑蛋虾仁”“霸皇焗虾”等。

初加工方法：与青虾加工方法大致相同。

3. 对虾

对虾又称明虾、大虾，品种较多，我国各地均产，以广东湛江海域养殖产量最大。对虾在烹饪中的应用非常广泛，可用于蒸、灼、炸、煎、焗、炒、刺身等烹调方法，常见的菜式有“白灼鲜虾”“蒜蓉蒸凤尾虾”“日式虾球”“脆炸直虾”“滑蛋虾仁”等。

初加工方法：与青虾加工方法基本相同。

4. 龙虾

龙虾是虾类中体形最大的一类，因其形态威武，故称龙虾。龙虾的品种较多，有中国龙虾、日本龙虾、锦绣龙虾等，主要产于热带至温带沿海地区，我国东海和南海均产。龙虾是制作高档菜肴的原料，可用于刺身、蒸、焗、炒等烹调方法，常见的菜式有“蒜蓉蒸龙虾”“芝士焗龙虾”“日式龙虾球”“三色龙虾”“龙虾刺身”等。

初加工方法：用竹签由龙虾尾部插向头部，令龙虾排尿，扭断虾头，切断虾尾（见图 1-30），然后根据不同用途，采用不同的加工方法。

（1）用于碎件：将龙虾身斩成块即可。

（2）用于起肉：切开龙虾腹膜，将龙虾肉取出即可。

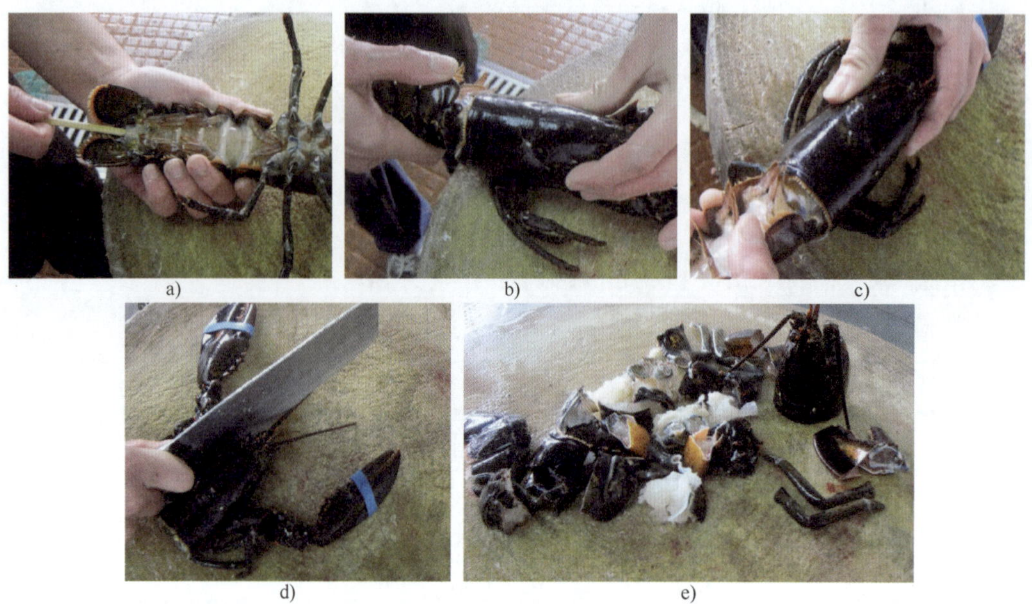

a) b) c) d) e)

图 1–30　龙虾的初加工

5. 虾蛄

虾蛄又称濑尿虾、琵琶虾等，我国各地沿海均产。虾蛄可用于灼、蒸、炸等烹调方法，常见的菜式有“盐焗虾蛄皇”“盐水虾蛄”“椒盐虾蛄”等。

初加工方法：用于盐焗的、盐水的，原条洗净即可；用于取肉的，将虾蛄外壳剥净，去头尾即可。

6. 蟹

蟹分为海蟹和湖蟹等，全国各地均产。蟹可用于蒸、焗、炒、炸、扒、酿等烹调方法，常见的菜式有“清蒸膏蟹”“盐焗花蟹”“霸皇焗海蟹”“蟹肉扒鲜菇”等。

初加工方法：用途不同，加工方法不同。

（1）用于原只蒸：将蟹背朝下，放在砧板上，用刀尖戳进蟹两眼间，令蟹死亡。将蟹翻转，用刀身压住蟹爪，用手将蟹盖掀起，削去蟹盖弯边及刺尖。膏蟹去除蟹黄（蟹卵），用小碗盛好。刮清蟹腮及污物，切去蟹厣，取出内脏，洗净即可。

（2）用于碎件：用刀身压住蟹爪，将蟹盖掀起，削去蟹盖弯边及刺尖。剁下蟹螯（蟹钳），斩成两节，拍裂，将蟹身切成两半，剁去爪尖，将蟹身斩成若干块，每块至少带一爪。

（3）用于拆蟹肉：将宰净的蟹蒸熟，剥去蟹螯外壳，取出蟹肉即可。

五、贝类原料初加工实例

贝类原料一般带壳，属于水产品的软体动物类，其初加工有特别的要求：要了解原料本身的组织结构，除去不能食用的部位。贝类原料的组织结构比较特殊，可食用部位与不能食用部位复杂，含有较多的寄生物、壳屑、黏液等，因此初加工时一定要分清各部位并清除干净。贝类原料一般都含有较丰富的营养素，有较高的营养价值和食用价值，因此在初加工时要格外小心，尽量不要破坏或损坏原料的营养物质。

1. 鲍鱼

鲍鱼又称腹鱼、九孔螺、海耳等，其干制品被列为“海八珍”之首，主要产于我国沿海各地，现多为人工养殖。鲍鱼的烹调用途十分广泛，可用于蒸、炖、焗、煲、扒等烹调方法，常见的菜式有“蒜蓉蒸鲜鲍”“味淋鲜鲍鱼”“一品鲜鲍煲”等。

初加工方法：用途不同，加工方法不同。

（1）用于原只蒸：用刀从根部将鲍鱼肉从壳上起出，取出内脏，将鲍鱼肉、鲍鱼壳刷洗干净，吸干水分，在鲍鱼肉面上轻剞出“井”字花纹。

（2）用于起肉：用刀从根部将鲍鱼肉从壳上起出，取出内脏，将鲍鱼肉刷洗干净。

2. 海螺

海螺又称角螺、红螺，各地沿海均产。海螺的烹调方法有炖、炒、刺身等，常见的菜式有“海螺炖鸡”“炭烧海螺”“油泡海螺球”“白灼海螺片”等。

初加工方法：手执螺底，用锤子敲破螺嘴外壳，取出螺肉，去掉螺庵，用盐水或枧水刷去黏液和黑膜，去除螺肠，洗净即可。

3. 牡蛎

牡蛎又称蚝、鲜蚝、蛎、海蛎子等，我国沿海地区均产，以两广地区海域的产量最大。牡蛎的烹调方法较多，可以蒸、炒、炸、滚、煲、灼、烤（炭烧）、刺身等，常见的菜式有“蒜蓉鲜蚝”“脆炸鲜蚝”“白灼鲜蚝”“铁板鲜蚝”等。

初加工方法：用刀撬开蚝壳，取出蚝肉，除去蚝头两旁韧带的壳屑，加入食盐搅拌，然后冲洗，去除其黏液，再次冲洗干净即可。

4. 乌贼

乌贼又称墨鱼、墨斗鱼、花枝，我国沿海各地均产。乌贼可用于炒、油泡、灼、炸、卤等烹调方法，常见的菜式有“碧绿花枝片”“油泡墨鱼球”“白灼花枝”“缤纷花枝片”“卤浸鲜墨鱼”等。

初加工方法：用刀将乌贼切开或用剪刀剪开腹部，剥出软骨，剥去外衣、嘴、眼，冲洗干净即可。墨鱼的墨囊中含有较多墨汁，加工时要小心剥除。

5. 枪乌贼

枪乌贼又称鲜鱿鱼、鲜鱿、柔鱼等，我国沿海各地均产，以海南、两广等地海域最为多产。枪乌贼可用于炒、油泡、灼、炸、卤等烹调方法，常见的菜式有“碧绿鸳鸯鱿”“美极鲜鱿筒”“白灼鲜鱿鱼”等。

初加工方法：用刀将枪乌贼切开或用剪刀剪开腹部，剥出软骨，剥去外衣、嘴、眼，冲洗干净即可。

6. 蛏子

蛏子又称竹蛏、竹节螺，我国沿海各地均产。蛏子可用于蒸、炒、油泡、滚、灼等烹调方法，常见的菜式有“蒜蓉蒸蛏子”“XO 酱爆蛏子”等。

初加工方法：用平刀将蛏子肉剖开两半，使外壳相连，洗净泥沙杂质，吸干水分即可。

7. 象拔蚌

象拔蚌又称海笋、皇帝蚌，是一种海产贝类，原产于北太平洋沿海地带，现我国东南沿海地区均有养殖。象拔蚌常用于刺身、炒、白灼等烹调方法，常见的菜式有“象拔蚌刺身”“生灼象拔蚌”等。

初加工方法：将象拔蚌用 80 ℃水烫泡，去壳，脱去皮衣，在中间剖开，去污垢、内脏，洗净即可。

8. 带子

带子俗称骚蛤，广东、海南沿海地区盛产，其营养价值极高，是名贵的海产品之一。带子的烹调方法较多，如炒、煎、炸等，常见的菜式有“雀巢夏果带子”“豉汁蒸带子”“天妇罗带子”等。

初加工方法：在开口处平刀片成两半，使两边壳中均有肉，去肠脏，将壳修剪成圆形（见图 1–31）。将肉和壳分别洗净，用洁净毛巾吸干水分。用于蒸的，将肉放回壳上即可；用于炒的，直接将肉取出，去除肠脏，洗净即可。

a)

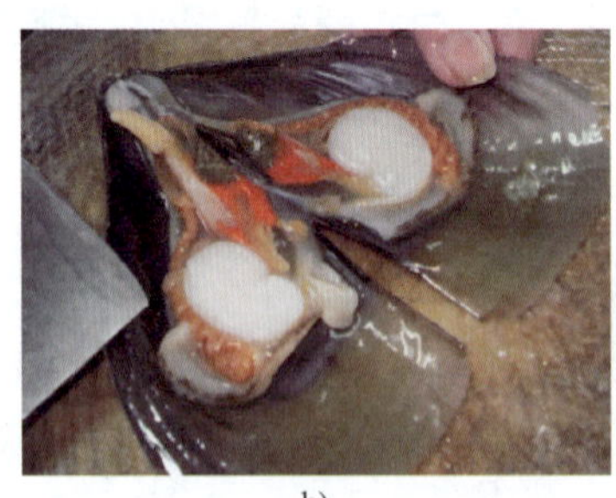
b)

c)

图 1–31　带子的初加工

9. 元贝

元贝可用于炒、爆、蒸、炸等烹调方法，常见的菜式有“蒜蓉粉丝蒸元贝”“腰果炒元贝”等。

初加工方法：在开口处平刀片成两半，使两边壳中均有肉，去肠脏，将肉和壳分别洗净，用洁净毛巾吸干水分。用于蒸的，将肉放回壳上即可；用于炒的，直接将肉取出，去除肠脏，洗净即可。

六、其他水产类原料初加工实例

1. 沙虫

沙虫又称沙肠虫，其形状呈长筒形，很像一根肠子。沙虫虽然没有海参、鱼翅、鲍鱼名贵，但味道鲜美脆嫩。沙虫可用于炒、油泡、蒸、灼、滚、刺身等烹调方法，常见的菜式有“蒜蓉蒸沙虫”“油泡沙虫”“胜瓜沙虫汤”“沙虫刺身”等。

初加工方法：将沙虫用清水搓洗干净，用竹筷子从沙虫的一端穿入，慢慢抽出竹筷，使沙虫肉向外翻出，反复换水搓洗直至将细沙和杂质去除即可。

2. 海蜇

海蜇俗称水母，呈蘑菇状，分伞部（即海蜇皮）和口腕（即海蜇头）两部分。海蜇口感爽脆，营养极为丰富，常用于拌制凉菜，也可用于炒、煮等，常见的菜式有“凉拌海蜇”“糖醋海蜇肉”“姜葱炒蜇皮”等。

初加工方法：将海蜇皮用冷水反复漂洗，除去泥沙，再用冷水浸泡至去除苦涩味，滤干水分即可。

思考与练习

1. 鳝鱼的加工方法有哪些？
2. 简述甲鱼的初加工方法。

第二章

刀工与原料成形技术

学习目标

1. 了解刀工的作用与要求，熟悉刀具的种类
2. 掌握磨刀技术、基本刀法与操作
3. 掌握原料的成形与规格等基本知识

刀工是中国烹饪的核心技术之一，在中式烹饪中所处的地位至关重要，它与调味、火候并称为烹调的三大要素。刀工不仅决定了原料的成形，确定了原料的最后形态，还对菜肴成品的色、香、味、形以及营养、卫生等方面起到重要的作用。

第一节　刀工的作用与要求

刀工就是按照食用和烹调的要求，使用不同的刀具，运用不同的刀法，将食用半成品原料切割成各种不同形状的操作技术。

刀工是烹调师必须熟练掌握的基本功之一，能否熟练运用各种刀法技巧使菜肴锦上添花，反映了一个烹调师的技术水平。

一、刀工在烹调中的作用

1. 便于烹调

经过刀工处理成块、片、丝、条、丁、粒、末等规格的烹饪原料，其形态、大小、厚薄、长短的规格应完全一致，这样在烹调时，可在短时间内迅速、均匀地受热，达到烹调的要求。

2. 便于入味

如果将整料或大块原料直接烹制，加入的调味品则大多停留在原料表面，不易渗透到内部，会产生外浓内淡甚至无味的现象。如果将原料切成小料，或在较大的原料表面剞上刀纹，就可以使调味品渗入原料内部，烹制后的菜肴内外口味一致，较为可口。

3. 便于食用

整只或大块原料若不经刀工处理而直接烹制食用，会给食用者带来诸多不便。如

果能先将原料由大变小、由粗改细、由整切零，然后按照制作菜肴的要求加工成各种形状，再烹制成菜肴，则更容易取食和咀嚼，也更有利于人体消化吸收。

4. 便于美观

各种烹饪原料经过整齐均匀的刀工处理，会使烹饪后的菜肴更为美观，尤其是运用剞刀法在原料上剞上各种刀纹，经加热后，便会卷曲成丰富的形状，使菜肴显得更具层次，令人赏心悦目。

二、刀工处理的基本要求

1. 姿势正确，精神集中

运刀的正确姿势是两脚站稳，上身略向前倾，身体自然放松（见图 2–1a），与菜墩保持约 10 厘米的距离，前胸稍挺，不要弯腰弓背，两眼注视于菜墩两手操作的部位（见图 2–1b）。正确的姿势不仅方便操作，而且能提高效率、减少疲劳感。

a)　　b)

图 2–1　运刀的正确姿势

握刀讲究牢而不死，腕、肘、臂三个部位的力量配合协调、运用自如，不论运用何种刀法，都要做到下刀准确、着力均匀。一般是右手握刀（见图 2–2），左手四指弯曲顶住刀壁，手指和掌根始终固定在原料或菜墩上，控制原料平稳不动，以保证上下、左右有规律地运刀。

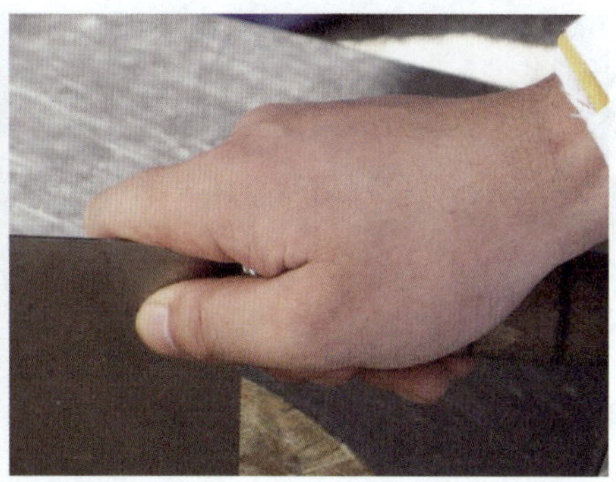

图 2-2　握刀方法

操作时要精神集中、目不旁视，不能左顾右盼、心不在焉，避免刀起刀落时发生意外，更不应边操作边说笑，以防污染原料。

2. 密切配合烹调要求

操作时，应根据不同的烹调方法采取相应的刀工处理方法。例如，用于爆、炒的，因为旺火短时加热，就应切得小一些、薄一些；用于煨、炖的，因加热时间长，就应切得大一些、厚一些；有的菜肴特别讲究原料的造型美观，则要运用相应的花刀。

3. 根据原料特性下刀

加工各种原料，首先应根据原料特性来选择刀法。例如，在川菜中有“横切牛肉竖切鸡”的说法，即牛肉质老筋多，必须横着纤维纹路下刀，才能把筋切短、切断，烹调后才比较嫩，如果顺着纤维纹路切，筋腱保留原样，则烧熟后又老又硬，难以咀嚼；鸡肉肉质细嫩，几乎没有筋，因此必须要顺着纤维纹路竖切，才能切出整齐划一、又细又长的鸡丝，如果横切、斜切，则很容易断裂、散碎，不能成丝。

4. 整齐均匀，符合规格

原料在进行刀工处理时，应根据规格要求，做到整齐均匀、大小一致，这样在烹调时，才会受热均匀、成熟度一致。

5. 清爽利落，互不粘连

加工过的原料，必须清爽利落，该断的必须断，丝与丝、条与条、片与片之间必须截然分开，不可“藕断丝连”；该连的则必须连（如锲腰花）。这不仅是为了使菜肴外形美观，而且是为了烹调时火候与时间均匀一致，从而确保菜肴的口味与质量。

6. 合理使用原料，做到物尽其用

刀工处理原料时，要根据手中的原料特性努力做到物尽其用，尽可能使各个部位都能得到合理、充分的利用。

思考与练习

1. 为什么刀工处理后的原料更容易入味?
2. 刀工操作时的正确姿势是什么?它有什么好处?
3. 刀工处理牛肉时,为什么要横着纤维纹路下刀?

第二节　刀具的种类和菜墩的使用

刀具和菜墩是进行原料加工的必备用具。刀具和菜墩的好坏，使用是否得当，都将直接影响菜肴的质量。

一、刀具的种类及用途

烹饪中常用的刀具，按照其功能大致可分为片刀、切刀、砍刀、前切后砍刀等专用刀具（见表 2–1）。

表 2–1　　刀具的种类及用途 1

种类	特点与用途	图例
片刀	刀身较窄、刀刃较长、体薄而轻、刀口锋利，使用灵活方便，主要用于制片，亦可切丝、丁、条、块等	
切刀	比片刀略宽、略重，长短适中，刀口锋利，结实耐用，用途广泛，适宜切块、片、条、丝、丁、粒等	

续表

种类	特点与用途	图例
砍刀	刀身厚重，专门用于砍带骨及质地坚硬的原料	
前切后砍刀	大小与切刀基本一致。不同的是，其刀根部位比切刀厚，既能切又能砍，综合了切刀和砍刀的用途	

除了上述刀具外，还有其他一些轻巧灵便的刀具和常用的西式刀具（见表 2-2）。

表 2-2　　刀具的种类及用途 2

种类	用途	图例
刮刀	主要用于鲜鱼除鳞	
镊子刀	主要用于夹镊鸡、鸭等身上的杂毛	
尖刀	可用于剖鱼	
剔骨刀	主要用于肉类原料的出骨	
片鸭刀	主要用于烤鸭的熟料片法	

续表

种类	用途	图例
烤肉刀	主要用于切割大块烤肉	
牡蛎刀	主要用于挑开牡蛎外壳	
蛤蜊刀	主要用于挑开蛤蜊外壳	
主厨刀	综合型刀具，刀尖用于划拉，刀身用于切割	
小刀	综合型刀具，用于处理小型食材（缩小版主厨刀）	
面包刀	刀口呈锯齿状，用于切割面包、蛋糕等	

二、刀具的选择

“工欲善其事，必先利其器”。刀具的选择主要从以下三个方面来鉴别。

1. 看

刀刃和刀背无弯曲，刀身平整光洁，无凹凸，刀刃平直，无夹灰、卷口。

2. 听

用手指弹击刀板，声音呈钢响者为佳，且余音越长越好。

3. 试

用手握住刀柄，看是否适手、方便。

三、刀具的保养

1. 了解刀具的形状和功能特点

根据刀具的形状和功能特点，运用正确的磨刀方法，保持刀具的锋利和光亮，保证刀刃有一定的弧形。

2. 刀工操作时，要仔细谨慎、爱护刀刃

片刀不宜斩砍，切刀不宜砍大骨；运刀时以断开原料为准，合理使用刀刃的部位；落刀若遇到阻力，应及时清除障碍物，不得硬片或硬切，防止弄伤手指或损坏刀刃。

3. 刀具用完后，要注意清理

刀具用完后，必须将刀具用热水洗净，并擦干水。在切咸味、酸味或带有黏性和腥味的原料，如泡菜、咸菜、番茄、藕、鱼等原料之后，黏附在刀面上的无机酸、碱、盐、鞣酸等物质容易使刀具变黑或锈蚀，失去光泽度和锋利度，并会污染所切的原料，应用洁净布擦净晾干或涂少许油，以防止刀具氧化生锈。

刀具清洗后，要挂在刀架上，不要随手乱丢，并严禁将刀砍在菜墩上，以免碰损刃口。

四、菜墩的使用与保养

菜墩是使用刀具对烹饪原料加工时的衬垫工具，它对刀工起重要的辅助作用。正确选择、使用和养护菜墩，是刀工操作者必须学习的一个重要课题。

1. 菜墩的选择

木制菜墩一般是用皂角树、柳树、椴树、银杏、榆树、橄榄树等为材料制作的，这些树的木料质地坚实、弹性好、耐用、不易损坏刀刃。

塑料菜墩是采用食品级塑料制作而成，耐磨损，清洗方便，可以根据不同种类的原料选择不同颜色的塑料菜墩，从而避免食材串味。

2. 菜墩的使用

使用菜墩时，应均匀使用菜墩的整个平面，以保持菜墩磨损均衡，防止菜墩凹凸不平，影响刀法的施展。因为墩面不平时，原料不易切断，容易产生连刀现象。菜墩表面也不可留有油污，否则，在加工原料时容易滑动，既不好操作，又易伤人，还影响卫生。

3. 菜墩的养护

菜墩每次使用完毕都要用清水洗净，或用碱水涮洗，刮净油污，保持清洁。用后要竖放，通风，防止墩面腐蚀。使用一段时间以后若发现表面凹凸不平，要及时修正刨平，以保持墩面平整，方法是将菜墩浸在盐水卤中（或用盐涂在表面，再淋上水，

也可将油烧热浇淋在菜墩上)，使木质收缩。

思考与练习

1. 怎么才能挑选一把适合自己的刀具？
2. 如何保养刀具？
3. 如何合理使用菜墩？
4. 案板可以代替菜墩使用吗？为什么？

第三节　磨刀技术

为了保证切割效率和成形质量，必须通过磨刀来保持刀具刀口锋利、不锈、无缺口、不变形，这样才不会影响运刀效果。

一、磨刀工具

1. 磨刀石

磨刀石是磨刀工具之一，根据密度不同可分为粗磨刀石、细磨刀石和油石三种（见图 2–3）。

粗磨刀石

细磨刀石

油石

图 2–3　磨刀石

粗磨刀石的主要成分是黄砂石或红砂石，质地松而粗，多用于磨有缺口的刀或用于新刀开刃。

细磨刀石的主要成分是青砂石，质地坚实而细，不易损伤锋口，容易磨出刀刃，使刀刃锋利。

油石为人造石，呈长方形，也有粗、细之分，其结构紧密而细腻，具有很高的硬度和强度，能在较长时间内保持锐利的刃口和稳定的几何形状。

磨刀时，一般先在粗磨刀石上磨出锋口，再在细磨刀石上磨好锋刃。这样能缩短磨刀时间，保证磨刀效果。油石的用法与粗、细磨刀石相同。

2. 磨刀棒

磨刀棒是用较软的钢材制成的（见图 2–4），能在短时间内将刀锋磨制锋利，常常用于已开锋后的刀刃，但对于还未开锋或是很钝的刀具，还是需要使用磨刀石来加工。

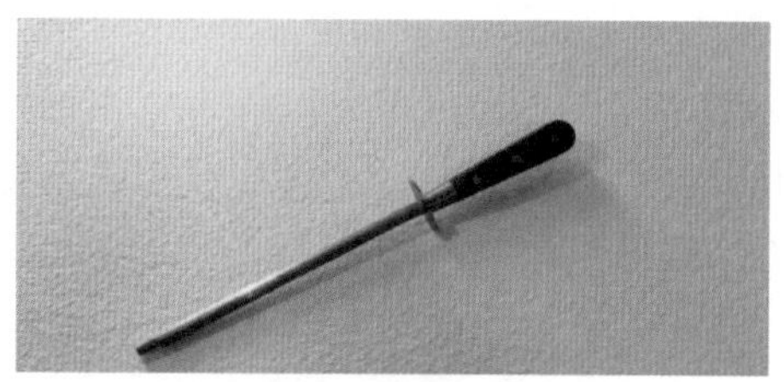

图 2–4　磨刀棒

二、磨刀姿势

磨刀时要求两脚自然分开或一前一后站稳，胸部略向前倾，收腹，重心前移，一手持刀柄，一手按住刀身，目视刀身。

三、磨刀方法

首先固定好磨面位置，高度以操作者操作方便、运用自如为准。磨刀时要把刀身上的油污洗净，以免脱刀伤手。右手握住刀背前端直角部位，左手握住刀柄前端，两手持稳刀，将刀身端平，刃口锋面朝外，刀背向里，刀与磨面的夹角为 3 ~ 5 度（见图 2–5）。

磨刀需按一定的程式进行，先向前平推至磨面尽头（见图 2–6），然后向后提拉，刀与磨面的夹角始终保持为 3 ~ 5 度，切不可忽高忽低。向前平推是磨刀膛，向后提拉是磨刃口锋面，不管是前推还是后拉，用力都要平稳，保持均匀一致。当磨面起砂浆时，需及时淋水继续再磨。磨刀时重点放在磨刃口的锋面部位，刃口锋面的前、中、后端都要磨到。刀身两面磨的次数要基本相等，这样才能保证磨完的刀刃口锋利、锋面平直，符合使用要求。

需注意的是，刀不能干磨或在砂轮上打磨，以免影响刀的钢火。

图 2-5 磨刀方法 1

图 2-6 磨刀方法 2

操作视频

四、刀锋检验

检验刀磨得是否合格，一种方法是将刀刃朝上，两眼直视刀刃，如果刀刃上看不见白色的光泽，就表明刀已经磨锋利了（见图 2-7），如果有白痕，则表明仍有不锋利之处。另一种方法是把刀刃放在拇指指甲上轻轻拉动（见图 2-8），如有涩感，表明刀刃锋利，如有光滑感觉，则表明刀刃还不锋利，仍需继续磨。

图 2-7 刀锋检验 1

图 2-8 刀锋检验 2

思考与练习

1. 简述磨刀的基本方法。
2. 为什么要强调刀具自磨自用？
3. 如何检验刀刃是否锋利？可以用削树枝的方法来检验吗？为什么？

第四节　基本刀法与操作

刀法是指使用不同的刀具将原料加工成一定形状时采用的各种不同的运刀技法。由于烹饪原料种类及烹调方法的多样性，需要运用不同的方法将原料切成不同的形状，以便烹调和食用，因此就产生了各种运刀技法。

根据刀与原料及菜墩接触的角度不同，刀法基本可分为直刀法、平刀法、剞刀法和其他刀法四类。刀法种类的划分如图 2-9 所示。

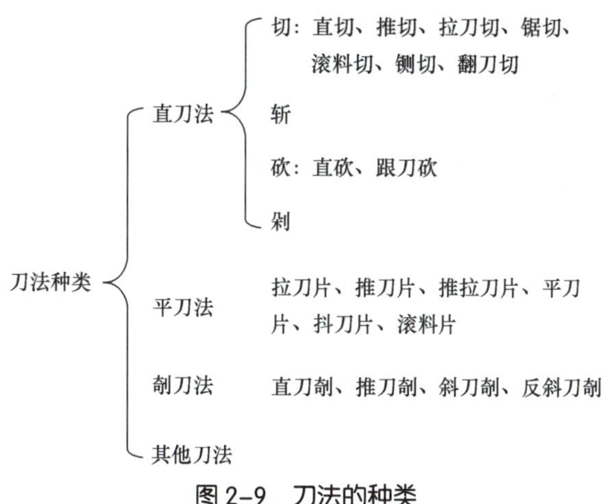

图 2-9　刀法的种类

一、直刀法

直刀法是指刀刃朝下，刀与原料和菜墩平面成垂直角度的一类刀法，根据用力的大小和手、腕、臂运动的方式，直刀法又可分为切、斩、砍、剁等几种刀法。

1. 切

切是在保证刀面与菜墩成垂直角度的前提下，由上而下运刀的一种刀法。切时主要运用手腕的力量，并施以小臂的辅助。切适用于蔬菜瓜果和已经出骨的畜肉、禽肉类原料。根据运刀方向的不同，切又可分为直切、推切、拉刀切、锯切、滚料切、铡切、翻刀切等几种切法。

操作视频

（1）直切

【操作方法】刀与原料、菜墩垂直，刀身始终平行于原料切面，由上而下均匀直切下去（见图 2–10）。此种切法很有节奏，因此又称为“跳刀”。

【应用范围】适用于莴笋、黄瓜、萝卜、菜头、莲藕等具有脆性的植物类原料。

【技术要领】

1）右手握稳刀具，刀身紧贴左手中指指背，运用腕力，稍带动小臂，用刀刃前半部分一刀一刀地跳动直切。

2）左手自然弯曲成弓形，轻轻按稳堆码好的原料，并按所需原料的规格均匀呈蟹爬姿势向后匀速移动。右手执刀随着左手移动，以原料规格的标准取间隔距离，确保所切原料间距一致。

3）刀口始终与菜墩垂直，不能偏内斜外，以保证断料整齐、美观。

操作视频

（2）推切

【操作方法】刀与原料、菜墩成垂直状态，由上而下向外切料（见图 2–11）。

图 2–10　直切

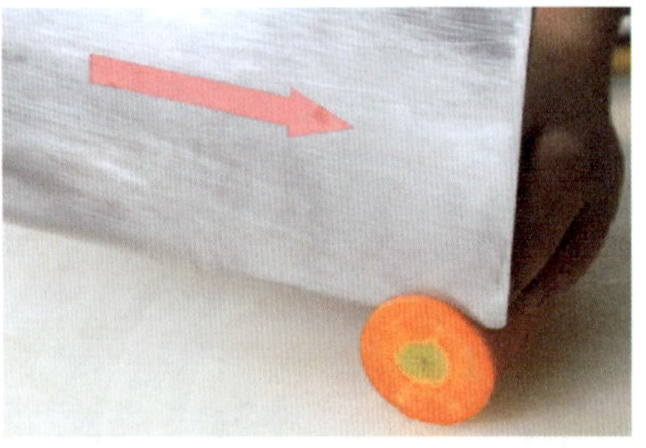
图 2–11　推切

【应用范围】适用于豆腐干、大头菜、肝、腰、肉丝、肉片、肚等细嫩易碎或有韧性、较薄较小的原料。

【技术要领】

1）操作时，左手手指自然弯曲按稳原料，右手执刀，运用小臂和手腕力量，从刀刃前部推至刀刃后部，一刀到底，一刀断料。

2）推切时，根据原料性质用刀。对质嫩的原料，如肝、腰等，下刀宜轻；对韧性较强的原料，如大头菜、肉片、肚等，运刀的速度宜缓。

（3）拉刀切

操作视频

【操作方法】刀与原料、菜墩垂直，刀的着力点在刀刃前端，由前而下向内拖拉运刀，又称“拖刀法”（见图 2–12）。

【应用范围】适用于去骨的韧性原料，如鸡、鸭、鱼、肉等动物类原料。

【技术要领】

1）左手手指自然弯曲按稳原料，右手执刀，运用手腕力量，刀身紧贴左手中指指背，由原料的前上方向后下方拉切，一刀到底，将原料断开。

2）在运刀时，刀刃前端略低、后端略高，着力点在刀刃前端，用刀刃轻快地向前推切一下，再顺势将刀刃向后一拉到底，即“虚推实拉”。

（4）锯切

操作视频

【操作方法】此种方法为推切与拉刀切的连贯刀法。运刀时刀与原料、菜墩垂直，先向前推切，再向后拉刀切，像拉锯一样切断原料（见图 2–13）。

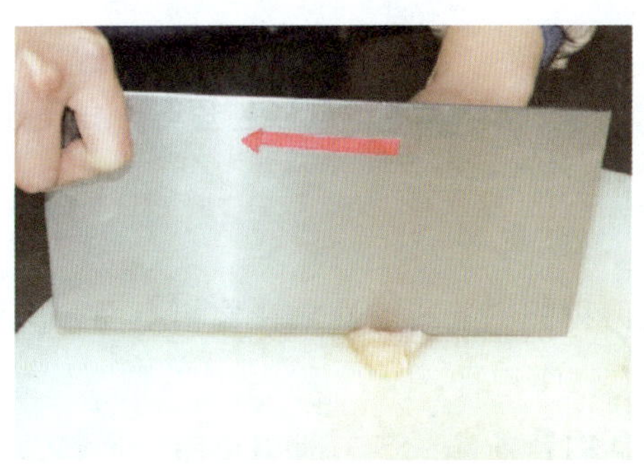

图 2–12　拉刀切

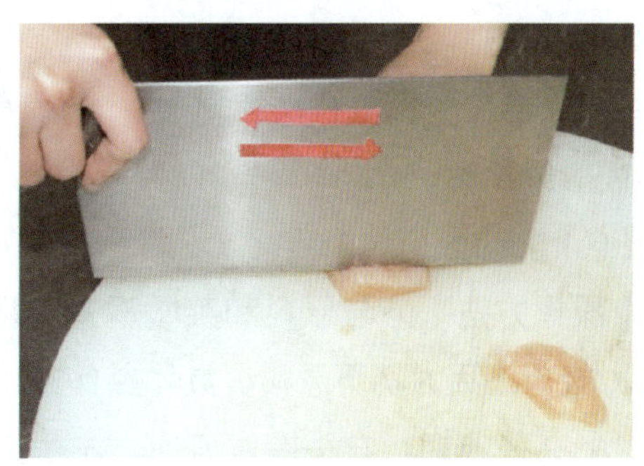

图 2–13　锯切

【应用范围】适用于体积较厚、质地坚韧或松散易碎的原料，如熟火腿、涮羊肉片、面包、卤牛肉等。

【技术要领】

1）左手手指自然弯曲按稳原料，右手执刀，刀身紧贴左手中指指背，运用手腕和小臂力量，先推切后拉刀切，直至原料断开。

2）下刀要垂直，不能偏内斜外，以保证原料成形后厚薄、大小一致。

3）运刀时要把原料按稳，如果原料移动，运刀就会失去依托，影响原料成形。

4）对特别易碎的原料，应适当增加切片的厚度，以保证原料成形完整。

（5）滚料切

操作视频

【操作方法】刀与菜墩垂直，右手握稳刀具，左手持原料不断向身体一侧滚动，原料每滚动一次，就做一次直切，一般原料成形后为三面体的块状（见图 2–14）。此方法又称为“滚刀切”。

图 2-14 滚料切

【应用范围】适用于质地嫩脆、体积较小的圆形或圆柱形植物类原料，如胡萝卜、土豆、莴笋、竹笋等。

【技术要领】

1）左手手指自然弯曲按稳原料，根据原料成形规格确定滚动角度，角度越大，原料成形就越大，反之则小。

2）右手执刀，刀口与原料成一定角度，角度越小，原料成形越短阔，角度越大，原料成形越狭长。

（6）铡切

【操作方法】刀与原料和菜墩垂直，将刀刃的中端或前端放在原料上面，两手同时用力或单手用力切下原料。具体操作方法有以下三种：

1）交替铡切。右手握住刀柄，左手按住刀背前端，运刀时刃口压住原料，如刀根着墩，刀尖则抬起；如刀根抬起，刀尖则着墩，刀尖、刀根一上一下反复运动（见图 2-15），直至将原料切碎。

2）平压铡切。执刀方法与前一种相同，只是把刀刃放在原料所切部位，运刀时，用力平压使原料断开（见图 2-16）。

图 2-15 交替铡切

图 2-16 平压铡切

3）击掌铡切。右手握住刀柄，将刀刃前端放在原料所切部位，然后左手掌用力猛击刀背，使刀铡切下去将原料断开（见图 2–17）。

图 2–17 击掌铡切

【应用范围】适用于体小、易滚动的原料，如生花椒、花生米、煮熟的鸡蛋等可采用交替铡切和平压铡切；也适用于带壳或有软骨的原料，如鸡头、蟹、烧鸡等可采用击掌铡切。

【技术要领】

1）要压住所切的位置，保证原料不移动。

2）双手配合用力，用力均匀，恰到好处，以能断料为度。

3）对于易滚动的原料，要保证刀的一端始终靠在菜墩上面，以使原料不跳动，并随时将原料向中间靠拢，保证原料形状整齐；对于带壳或有软骨的原料，要压准被切部位，一刀断料，干净利落，保证刀口整齐光滑。

（7）翻刀切

【操作方法】以推切为基础，待刀刃断开原料的一瞬间，刀身顺势向外侧翻。此法便于切料形状整齐，原料成形后不沾刀身，干净利落（见图 2–18）。

【应用范围】适用于柔软易粘刀的原料，如肉丝、肉片、肝、腰、大头菜等。

【技术要领】

1）运刀中在刀刃断料的一瞬间顺势翻刀，刀刃几乎不沾菜墩面。

2）掌握好翻刀时机，翻刀早了原料不能完全断纤；翻刀迟了则刀刃容易刮到菜墩，必须在刀刃断纤的一瞬间顺势翻刀。

2. 斩

【操作方法】刀面与菜墩垂直，左手按稳原料，运用右手的腕力和臂力，对准被斩部位，用力运刀将原料断开（见图 2–19）。

图 2-18 翻刀切

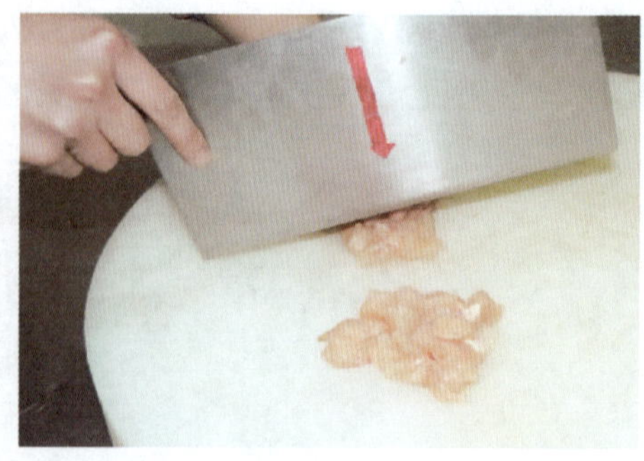
图 2-19 斩

【应用范围】适用于带骨的动物类原料或质地坚硬的冰冻原料，如带骨的猪、牛、羊肉，冰冻的肉类及鱼类等。

【技术要领】

（1）斩要以小臂用力，将刀提至与前胸平齐，下刀要求稳、狠、准，力求一刀断料，以免复刀使原料破碎。

（2）左手扶料时应离落刀点稍远，如原料较小，落刀时要迅速离开，以免伤手。

（3）为避免损伤刀刃，一般用刀的根部斩断原料。

3. 砍

砍又称为“劈”，是在保证刀面与墩面垂直的前提下，运用臂力，执刀用猛力向下断开原料的直刀法。此种方法是直刀法中用力及幅度最大的一种刀法，适用于体大而坚硬的原料。砍又分为直砍和跟刀砍两种。

（1）直砍

【操作方法】左手按稳原料，右手执刀，对准原料被砍部位，运用臂膀力量，垂直向下断开原料（见图 2-20）。

【应用范围】适用于加工体形较大或带骨的动物类原料，如排骨、整鸡、整鸭、大鱼头等。

【技术要领】

1）将刀高举至头部位置，瞄准原料被砍部位，用臂膀力量垂直下刀，要求下刀准、速度快、力量大，力求一刀断料，如需复刀则必须砍在同一刀口处。

2）左手按住原料时应离落刀点稍远，以免伤手。

（2）跟刀砍

【操作方法】左手按稳原料，右手对准原料被砍部位直砍一刀，使刀刃嵌进原料，然后左手持原料与刀同时起落，垂直向下断开原料（见图 2-21）。

【应用范围】适用于质地坚硬、骨大形圆或一次不易砍断的原料，如猪头、大鱼头、蹄髈等。

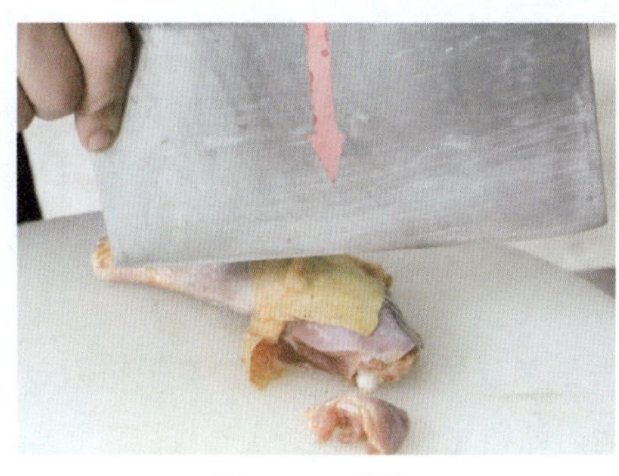

图 2-20　直砍

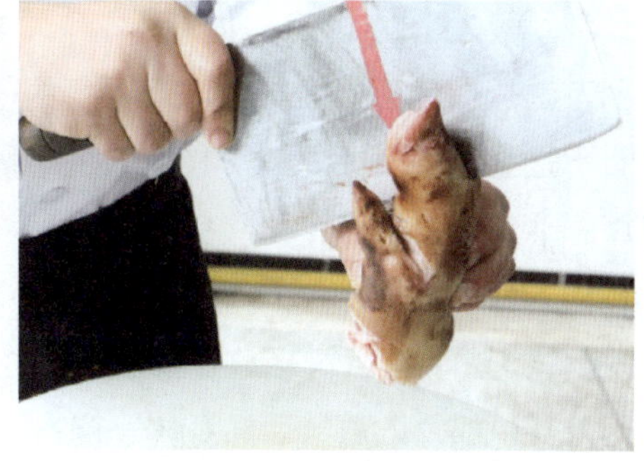

图 2-21　跟刀砍

【技术要领】

1）刀刃一定要嵌进原料，不能松动脱落，以免砍空。

2）左、右手起落速度应保持一致，且刀在下落过程中应保持垂直状态。

4. 剁

【操作方法】刀面与菜墩和原料基本保持垂直运动，频率较快地将原料制成泥蓉（见图 2-22）。使用一把刀操作称为“单刀剁”，但为了提高工作效率，通常左、右手同时执刀操作，称为“排剁”。

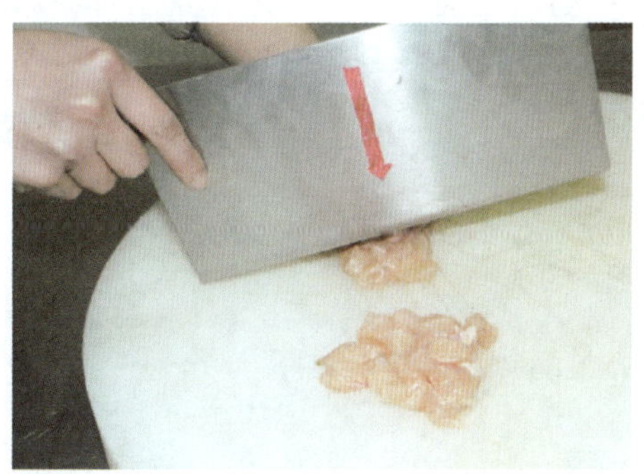

图 2-22　剁

【应用范围】适用于无骨原料及姜、蒜等，如制肉馅，剁姜末、蒜末等。

【技术要领】

（1）排剁时左、右手配合要灵活自如，运用手腕的力量，提刀要有节奏。

（2）两刀之间要有一定距离，不能互相碰撞。

（3）剁之前最好将原料处理成片、条等小块，剁的过程中要勤翻原料，以使原料更加均匀细腻。

（4）将刀在水里浸湿，可防止肉粒飞溅和粘刀。

（5）注意剁的力量，以断料为度，防止刀刃嵌进菜墩。

二、平刀法

平刀法是指运刀刀面与菜墩面平行的一类刀法，其基本操作方法是用刀平着片进原料而不是垂直地切断原料。按运刀的不同手法，平刀法又分为拉刀片、推刀片、推拉刀片、平刀片、抖刀片和滚料片六种。

操作视频

1. 拉刀片

【操作方法】将原料平放在菜墩上，左手手掌或手指按稳原料，右手执刀放平刀身，用刀身中部片入原料后向身体一侧拖拉运刀断料（见图 2-23）。

【应用范围】适用于体小、嫩脆或细嫩的动植物类原料，如萝卜、蘑菇、莴笋、猪腰、里脊肉、鱼肉、鸡脯肉等。

【技术要领】

（1）操作时执刀要稳，刀身始终与原料平行，从而保证原料成形厚薄均匀。

（2）左手食指与中指应分开一些，以便观察原料的厚薄是否符合要求；手指稍向上翘起，以免伤手。

操作视频

2. 推刀片

【操作方法】将原料平放在菜墩上，左手手掌或手指按稳原料，刀身与墩面平行，刀刃前端从原料的右下角平行进刀向左前方推进，直至片断原料（见图 2-24）。

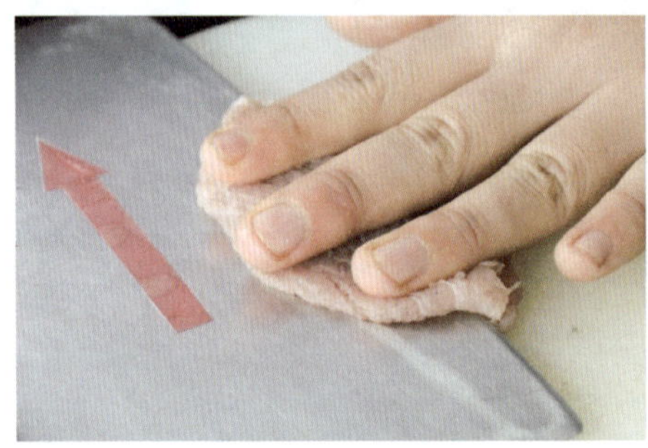

图 2-23　拉刀片

图 2-24　推刀片

【应用范围】适用于榨菜、土豆、冬笋等脆性原料。

【技术要领】

（1）操作时执刀要稳，刀身始终与原料平行，推刀要果断，一刀断料。

（2）左手食指与中指应分开一些，以便观察原料的厚薄是否符合要求；手指稍向上翘起，以免伤手。

（3）左手手指平按在原料上，固定住原料，但不能影响推片时刀的运行。

3. 推拉刀片

【操作方法】推拉刀片是将推刀片与拉刀片相结合，来回推拉的平刀法（见图 2-25）。左手按住原料，右手执刀将刀刃片进原料，一前一后片断原料。整个过程如拉锯一般，故又称为“锯片”。另外，起片还有上片和下片之分，上片从原料上端开始，厚薄容易掌握；下片从原料下端开始，成形平整。

【应用范围】适用于体大、无骨、韧性强的原料，如火腿、猪肉等。

【技术要领】

（1）上片时用左手手指压稳原料，食指与中指自然分开，以便观察片的厚薄；下片用左手手掌按稳原料，观察刀面与菜墩的距离，掌握片的厚薄。

（2）刀的运行始终与菜墩平行，从而保证起片均匀。

4. 平刀片

【操作方法】刀身与墩面平行，刀刃中端从原料的右端一刀平片至左端，直至断料（见图 2–26）。

图 2–25　推拉刀片

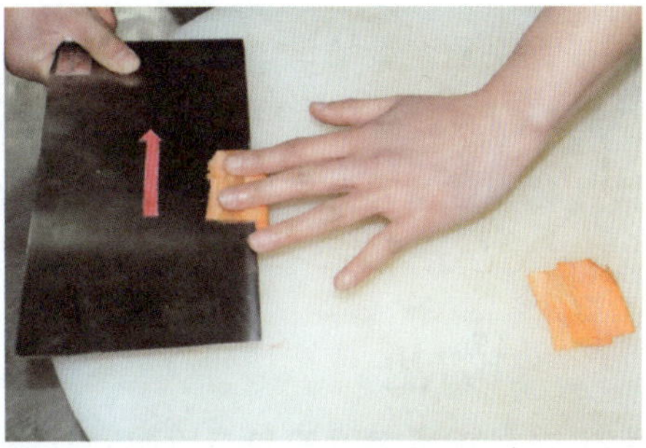

图 2–26　平刀片

【应用范围】适用于无骨的软性细嫩原料，如豆腐、鸭血、肉皮冻、凉粉等。

【技术要领】

（1）保持刀身与菜墩平行，右手进刀要稳，左手要扶稳原料，以保证起片均匀。

（2）进刀力度要恰当，进刀后不能前后移动，防止原料碎烂。

5. 抖刀片

【操作方法】将原料平放在菜墩上，刀刃从原料右侧片进，刀身抖动，呈波浪式地片断原料（见图 2–27）。

【应用范围】适用于质地软嫩的原料，如蛋糕、豆腐干、皮蛋等。

【技术要领】

（1）刀刃片进原料后，刀身抖动的波浪幅度及刀距要一致，以保证成形美观。

（2）左手起辅助作用，不能使原料变形。

6. 滚料片

【操作方法】将圆柱状原料平放在菜墩上，左手按住原料表面，右手放平刀身，刀刃从原料右侧底部片进并做平行移动，左手扶住原料向左滚动，边片边滚，直至片成薄的长条片（见图 2–28）。

图 2-27　抖刀片

图 2-28　滚料片

【应用范围】适用于圆形、圆柱形原料的去皮或加工成长方片，如黄瓜、萝卜、莴笋、茄子等。

【技术要领】

（1）两手配合要协调。右手握刀推进的速度与左手滚动原料的速度应一致，否则就会中途片断原料甚至伤及手指。

（2）随时注意刀身与菜墩的距离，以保证原料厚薄一致。

三、斜刀法

斜刀法是指运刀时刀身与原料和菜墩呈锐角（小于 90° 角）的一类刀法。根据运刀的不同手法，斜刀法又分为斜刀片和反刀斜片两种。

操作视频

1. 斜刀片

【操作方法】左手按住原料左端，刀刃向左，刀身与原料和菜墩呈锐角，进刀后向左下方拉动，一刀断料（见图 2-29）。

【应用范围】适用于质软、性韧、体薄的原料，如鱼肉、猪腰、鸡脯肉等。

【技术要领】

（1）两手协调配合，保持一样的倾斜度和刀距，以保证起片的大小、厚薄均匀一致。

（2）刀身倾斜度根据原料成形规格而定。

2. 反刀斜片

【操作方法】刀刃向外，刀身紧贴左手四指指背，与原料、菜墩呈锐角，运刀方向由左后方向右前方推进，使原料断开（见图 2-30）。

【应用范围】适用于较薄而韧性强的原料，如熟猪肚、猪耳朵、鱿鱼、玉兰片等。

【技术要领】

（1）左手按稳原料，并以左手的中指抵住刀身，使刀身紧贴左手指背片进原料。左手向后等距离移动，使片下的原料大小、厚薄均匀一致。

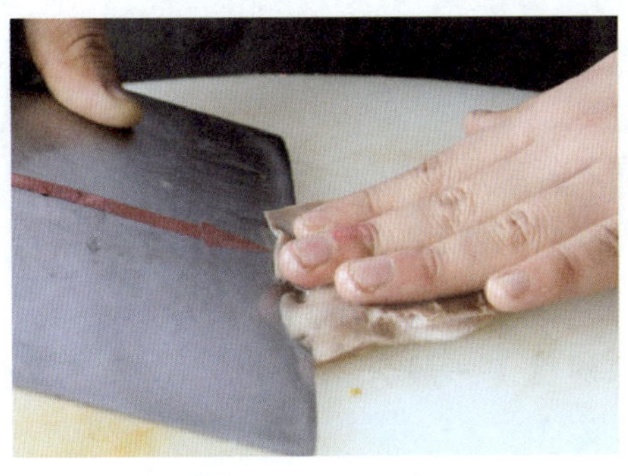

图 2-29 斜刀片

图 2-30 反刀斜片

（2）根据原料规格决定刀的倾斜度。

（3）刀不宜提得过高，以免伤手。

四、剞刀法

剞刀法是指在原料的表面切或片一些不同花纹而又不断料的运刀方法，当原料加热后会形成各种美观的形状，因此又被称为“花刀”。

剞刀法技术性强、要求较高，根据运刀方向和角度的不同，剞刀法又可分为直刀剞、斜刀剞、反刀斜剞三种。

1. 直刀剞

操作视频

【操作方法】直刀剞与直刀切相似，刀面与菜墩垂直，刀口对准原料要剞的部位，一刀一刀直切或推切，但不断料，直至将原料剞完（见图 2-31）。

图 2-31 直刀剞

【应用范围】适用于加工脆性的植物类原料和有一定韧性的动物类原料，如黄瓜、猪腰、鸡胗、墨鱼等。

【技术要领】

（1）剞刀的深度根据原料的性质而定，一般为原料的 1/2 ~ 3/4。

（2）运刀的角度和刀距要均匀，这样花形才美观。

2. 斜刀剞

【操作方法】斜刀剞与斜刀片相似，只是不能将原料切断。

【应用范围】适用于加工有一定韧性的原料，如鱿鱼、净鱼肉等。也可结合其他刀法加工出松鼠形、葡萄形等花刀。

【技术要领】注意用刀倾斜度、刀的深浅度（一般为 1/2 ～ 3/4）及刀距的均匀度。

3. 反刀斜剞

【操作方法】反刀斜剞与反刀斜片相似，只是不将原料切断。

【应用范围】适用于各种韧性原料，如鱿鱼、猪腰、鱼肉等。可结合其他刀法加工出麦穗形、眉毛形等花刀。

【技术要领】注意用刀倾斜度、刀的深浅度（一般 1/2 ～ 3/4）及刀距的均匀度。

五、其他刀法

在直刀法、平刀法、斜刀法、剞刀法之外，往往还需要一些特殊的原料加工刀法，常用的还有刮、削、捶、拍、戳、旋、剜、剔、揿等。

1. 刮

【操作方法】操作时将原料平放在菜墩上，用刀将原料表皮或污垢去掉。

【应用范围】适用于刮鱼鳞、刮肚、刮丝瓜皮等。

【技术要领】刀刃接触原料，掌握好刮的力度。

2. 削

【操作方法】左手拿稳原料，右手执刀，刀刃向外，用刀平着去掉原料表面一层皮或加工成一定形状（见图 2–32）。

【应用范围】用于去原料外皮，如削莴笋皮、冬瓜皮，将胡萝卜削成橄榄形等。

【技术要领】掌握好去皮的厚度，避免浪费原料。

3. 捶

【操作方法】刀身与菜墩垂直，刀背向下，用刀背上下捶打原料至其成茸状（见图 2–33）。

【应用范围】适用于肉质细嫩的原料成茸，如鱼类、鸡脯等。

【技术要领】用力均匀，勤翻原料，使原料更加细腻。

4. 拍

【操作方法】用刀身拍破或拍松原料（见图 2–34）。

图 2-32　削

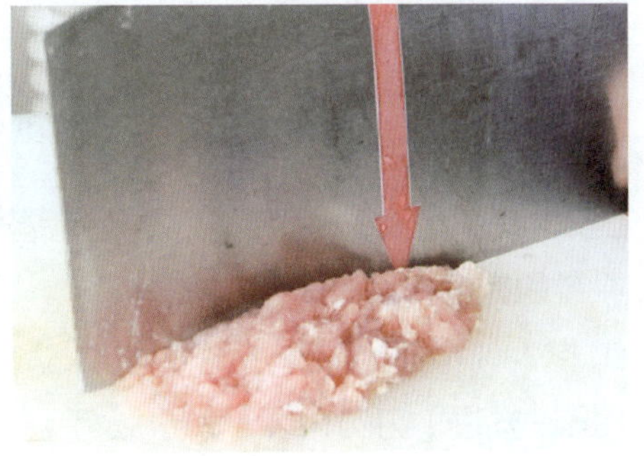

图 2-33　捶

【应用范围】用于使原料出味，如姜、葱等，也用于使韧性原料更为疏松，如猪排、牛排等。

【技术要领】根据烹调要求及原料性质，用适当的力量将原料拍松或拍碎。

5. 戳

【操作方法】用刀根不断戳刺原料但不致断，使原料松弛、平整，易于入味成熟。

【应用范围】适用于鸡腿、肉类等原料。

【技术要领】根据原料特性合理掌握戳刺程度，以使原料质地松嫩为度。

6. 旋

【操作方法】左手拿稳原料，右手持专用旋刀，两手配合采用旋转的方法去掉外皮（见图 2-35）。

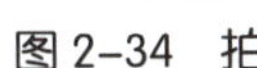

图 2-34　拍

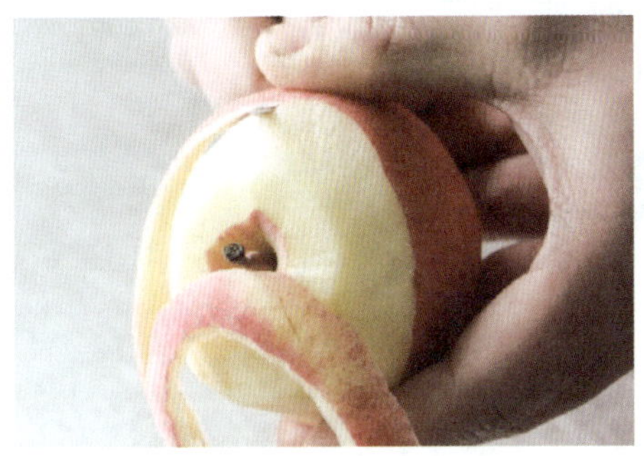

图 2-35　旋

【应用范围】用于去掉原料的外皮，如苹果、梨等。

【技术要领】随时注意去皮的厚度，以免浪费原料。

7. 剜

【操作方法】用刀尖贴着原料边沿往中心倾斜，并顺时针旋转，将原料中心部分挖空（见图 2-36）。

【应用范围】将苹果、梨等原料挖空，以便于填充馅料。

【技术要领】剜时注意保持原料边沿厚薄均匀，以免穿孔漏馅。

8. 剔

【操作方法】用刀将原料中所能食用部分和带骨（带筋络组织）部分分解开。

【应用范围】适用于畜、禽、鱼类等动物类原料。

【技术要领】下刀要准确，刀口要整齐，随部位不同分别运用刀尖、刀根等，以保证原料的完整。

9. 揿

【操作方法】刀刃向左倾斜，右手握住刀柄，用刀身的另一面压住原料，将软性原料从左至右拖压成茸泥，也称为“背”（见图 2-37）。

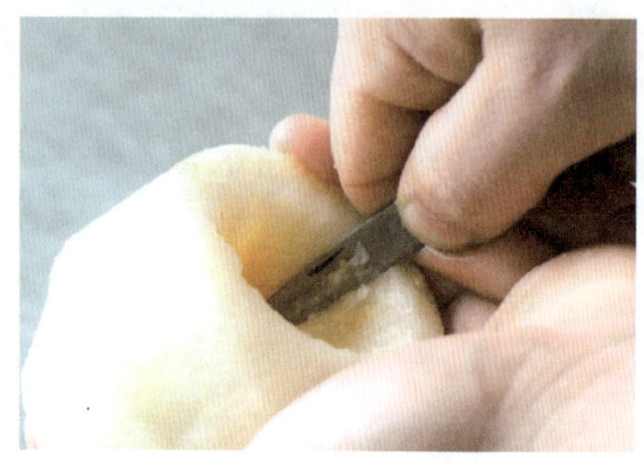

图 2-36　剜

图 2-37　揿

【应用范围】主要用于加工豆腐泥、土豆泥等原料。

【技术要领】从左到右依次拖压，务必使原料均匀细腻，无明显颗粒。

思考与练习

1. 根据刀与原料和菜墩接触的角度不同，刀法可分为哪五种？
2. 直刀法按用力的大小和手、腕、臂膀运动的方式，又可分为哪几种刀法？
3. 根据运刀方向的不同，切可分为哪几种刀法？
4. 根据运刀的不同手法，平刀法可分为哪六种？
5. 拉刀片时应注意什么问题？
6. 原料起片有哪两种方法？各有什么优点？
7. 如何正确掌握斜刀片？操作时应注意什么问题？
8. 斜刀片与反刀斜片各适用于哪些原料？
9. 刨刀法在运用时应注意哪些问题？

第五节　原料的成形方法与成形规格

原料成形是指根据菜肴和烹调的不同需要，运用各种刀法，将原料加工成片、块、条、丝、丁、粒、末、茸等形状的加工技法。

一、块的成形方法与成形规格

1. 块的成形方法

（1）切制

对于质地较为松软、脆嫩、无骨的原料，一般都可采用切的刀法使其成块，如蔬菜类原料可以直切，已去骨去皮的各种肉类可以用推切或推拉切的方法切成各种块形。对较小的原料可直接切制成块，而大型原料则需将原料改成宽窄、厚薄一致的条后再改刀成块，并保证最后切出的块大小均匀。

（2）砍法或斩法

对于质地坚硬、带皮带骨的原料，一般选用砍或斩的刀法使其成块，如各种带骨的鸡、鸭等，并尽量保证原料成形大小一致。

块的种类很多，日常使用的有菱形块、长方块、滚料块、梳子块等，一般多用于烧、炖、焖等烹调方法。

2. 块的成形规格

（1）菱形块

【规格】菱形块外形像几何中的菱形，长对角线约 4 厘米，短对角线约 2.5 厘米，厚 1 ~ 1.5 厘米（见图 2-38）。

图 2-38　菱形块

【制法】按厚度将原料切成大片，再按边长规格将其改成长条，最后斜切成菱形块。

【用途】多用于脆性植物类原料的成形，在烧、烩菜肴中经常使用。

（2）长方块

【规格】形如骨牌，因此也叫骨牌块。长约 4 厘米，宽约 2.5 厘米，厚 1.2 ~ 1.5 厘米。

【制法】按厚度加工成大片，再根据规定长度改刀成段，最后加工成块。

【用途】多用于脆性植物类原料的成形，如“莴笋木耳肉片”中的莴笋片。

（3）滚料块

【规格】长 3 ~ 4 厘米，两头小而尖的不规则三角块（见图 2-39）。

图 2-39　滚料块

【制法】运用滚刀方法，每滚动一次就切一刀。滚动幅度越大，块形越大。

【用途】多用于脆性植物类原料的成形，如“莴笋烧鸡”中的莴笋块。

（4）梳子块

【规格】经滚料切后形如“梳子背”的多棱形原料，长约 3.5 厘米（多面体），背厚约 0.8 厘米（见图 2-40）。

图 2-40　梳子块

【制法】滚料的角度较滚刀块切时滚动的角度要小，加工后的原料体小形薄，形如“梳子背”。

【用途】多用于青笋、胡萝卜等原料的成形。

二、片的成形方法与成形规格

1. 片的成形方法

片可采用切或片的刀法加工成形。切适用于蔬菜等细嫩原料的成形，而片适用于质地较松软、直切不易切整齐或本身形状较薄的原料的成形。

片的成形应由原料性质及烹调要求决定。质地细嫩易碎的原料成形较厚，质地较硬或带有韧性的原料成形较薄，用于炝、炒、爆、熘的原料成形应稍薄，用于烧、烩、煮的原料成形应稍厚。

常用的片有骨牌片、菱形片、柳叶片、牛舌片、灯影片、指甲片、连刀片、斧头片等。

2. 片的成形规格

（1）骨牌片

【规格】分大骨牌片和小骨牌片两种。大骨牌片规格为长 6 ~ 6.6 厘米、宽 2 ~ 3 厘米、厚 0.3 ~ 0.5 厘米（见图 2-41）。小骨牌片规格为长 4.5 ~ 5 厘米、宽 1.6 ~ 2 厘米、厚 0.3 ~ 0.5 厘米。

【制法】按边长修成块，再直切成片即成。

【用途】多用于动植物类原料的成形，如“萝卜连锅汤”中的萝卜片。

（2）菱形片

【规格】又称“斜方片”“旗子片”，为长对角线约 5 厘米、短对角线约 2.5 厘米、厚约 0.2 厘米的平行四边形片（见图 2-42）。

图 2-41 大骨牌片　　图 2-42 菱形片

【制法】加工成菱形块后再直刀切成片。

【用途】多用于质地嫩脆的植物类原料，如“青笋肉片”中的青笋片。

（3）柳叶片

【规格】状如柳叶的狭长薄片，长约 6 厘米，厚约 0.3 厘米（见图 2-43）。

图 2-43 柳叶片

【制法】将原料斜着从中间切开，再斜切成柳叶片。

【用途】多用于猪肝一类原料。

（4）牛舌片

【规格】厚 0.06 ~ 0.1 厘米、宽 2.5 ~ 3.5 厘米、长 10 ~ 17 厘米的片。片薄而长，经清水泡后自然卷曲，形如牛舌、刨花，因此又称“刨花片”。

【制法】原料去皮（见图 2–44a）→拉刀片制（见图 2–44b）→清水浸泡（见图 2–44c）→装盘（见图 2–44d）。

a)　b)　c)　d)

图 2–44　牛舌片

【用途】多用于质地嫩脆的植物类原料，如莴笋、萝卜等。

（5）灯影片

【规格】长约 8 厘米、宽约 4 厘米、厚约 0.1 厘米的片。

【制法】原料修形→推拉刀片制（见图 2–45a）→清水浸泡（见图 2–45b）→装盘（见图 2–45c）。

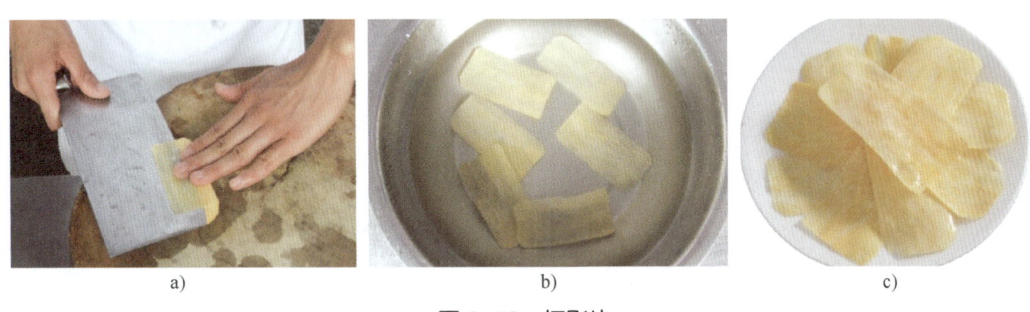

a)　b)　c)

图 2–45　灯影片

【用途】多用于植物类原料制片，如红苕、白萝卜等。也有少数用于动物类原料制片，如“灯影牛肉”的肉片。

（6）**指甲片**

【规格】形如指甲，边长约 1.2 厘米、厚约 0.2 厘米的小正方形片（见图 2–46）。

图 2–46　指甲片

【制法】按规格修好原料，再直切成形。

【用途】适用于动植物类原料，如姜、蒜片。

（7）**连刀片**

【规格】又叫火夹片，为每片 0.3 ～ 1 厘米的长方形片或圆形片。

【制法】两刀一断，切成两片连在一起的坯料。

【用途】适用于动植物类原料，如“鱼香茄饼”的茄片，“夹沙肉”的肉片等。

（8）**斧头片**

【规格】形似斧头，一般为长 4 ～ 10 厘米、宽约 3 厘米、背厚约 0.3 厘米、上厚下薄的长方形薄片。

【制法】一般是用斜刀片制而成。

【用途】可用于涨发后的海参成形。

三、条的成形方法与成形规格

1. 条的成形方法

条一般适用于无骨的动物类原料或植物类原料，它的成形方法是先将原料片或切成厚片，再改刀而成。条的粗细取决于片的厚薄，条的两头应呈正方形。按粗细长短的不同，条一般可分为大一字条、小一字条、筷子条和象牙条等。

2. 条的成形规格

（1）**大一字条**

【规格】长 6 ～ 7 厘米、厚 1.3 ～ 1.6 厘米的条。

【用途】适用于植物类原料，如“酱烧青笋”中的青笋条。

（2）小一字条

【规格】长约 5 厘米、厚约 1 厘米的条（见图 2-47）。

【用途】适用于植物类原料，如“家常仔鸡”中的冬笋条。

（3）筷子条

【规格】长 3 ～ 4 厘米、厚约 0.7 厘米，形如筷子头的条（见图 2-48）。

图 2-47　小一字条

图 2-48　筷子条

【用途】适用于脆性的植物类原料，如“小煎鸡”中的莴笋条。

（4）象牙条

【规格】长约 5 厘米，截面呈三角形。

【制法】加工时先将原料切成 0.8 ～ 1 厘米的厚片，再切成三棱形条。

【用途】适用于植物类原料，如冬笋、菜头等。

四、丝的成形方法与成形规格

1. 丝的成形方法

丝的成形方法一般是先将原料加工成薄片，再改刀成丝。片的长短决定了丝的长短，片的厚薄决定了丝的粗细。加工后的丝，要求粗细均匀、长短一致、不连刀、无碎粒。在片或切片时要注意厚薄均匀，切时注意刀路平行且刀距一致，从而保证切出均匀的丝来。

原料加工成薄片后，有三种排叠切丝的方法。第一种是瓦楞状叠法，即将片或切好的薄片一片一片依次排叠成瓦楞形状，此法不易使原料倒塌，适用于大部分原料；第二种是平叠法，即将片或切好的薄片一片一片地从下往上排叠起来，此法要求原料大小、厚薄一致，且不能叠得过高，如切豆腐干等原料；第三种是卷筒形叠法，即将片形大而薄的原料一片一片先放平排叠起来，然后卷成筒状，再切成丝，如切海带等原料。

根据成形的粗细，丝一般可分为头粗丝、二粗丝、细丝和银针丝等。

2. 丝的成形规格

（1）头粗丝

【规格】长 8 ~ 10 厘米，粗约 0.4 厘米。

【用途】适用于动植物类原料，如切芹黄、鱼丝等原料。

（2）二粗丝

【规格】长 8 ~ 10 厘米，粗约 0.3 厘米（见图 2-49）。

图 2-49　二粗丝

【用途】适用于动植物类原料，如大多数炒菜中所用的肉丝。

（3）细丝

【规格】长 8 ~ 10 厘米，粗约 0.2 厘米。

【制法】修好原料→推拉刀片（见图 2-50a）→推切成丝（见图 2-50b）→装盘（见图 2-50c）。

a)

b)

c)

图 2-50　细丝

【用途】适用于动植物类原料，如“芥末肚丝”中的肚丝，“红油黄丝”中的大头菜丝。

（4）银针丝

【规格】形似“银针”的丝，长 8 ~ 10 厘米，粗约 0.1 厘米。

【制法】修好原料→推拉刀片（见图 2-51a）→跳切成丝（见图 2-51b）→清水浸泡（见图 2-51c）→装盘（见图 2-51d）。

a)　b)　c)　d)

图 2-51　银针丝

【用途】适用于动植物类原料，如“红油皮札丝”中的猪腿皮丝，“京酱肉丝”中的葱丝等。

五、丁、粒、末的成形方法与成形规格

1. 丁、粒、末的成形方法

丁的成形一般是先将原料切成厚片，再将厚片改刀成条，再将条改刀成丁。条的粗细、厚薄决定了丁的大小。切丁要力求使其长、宽、高基本相等，这样形状才美观。

粒的成形比丁要小些，成形方法与丁相同，也是将原料加工成丝后再切成的。

末的大小有如小米或油菜籽，一般是将原料剁、铡、切细而成。

2. 丁、粒、末的成形规格

（1）大丁

【规格】大丁的规格是约 2 厘米见方的正方形块。

【用途】适用于动植物类原料，如“花椒兔丁”中的兔丁等。

（2）小丁

【规格】小丁的规格是约 1 厘米见方的正方形块（见图 2-52）。

【用途】适用于动植物类原料，如“辣子肉丁”中的肉丁，“炒三丁”中的红辣椒、

大白菜、莴笋丁等。

（3）粒

【规格】粒的规格为 0.3 ~ 0.7 厘米，大小与绿豆、黄豆和米粒相似。

【用途】适用于动植物类原料，如“鸡米芽菜”中的鸡粒、臊子，各种馅心等。

（4）末

【规格】末比粒还小，是将原料先切后剁而成，姜、蒜等调料常剁碎成末（见图 2–53）。

【用途】用于制作肉馅及姜、蒜末等。

图 2–52　小丁

图 2–53　末

六、茸、泥、丸的成形方法与成形规格

1. 茸

茸就是在猪、鸡、鱼、虾等的肉中加进猪肥膘以增加黏性，制成极细软、半固体状的肉泥，也有将豆腐等制成茸的。具体操作时，一般多是先将肉里的筋膜、皮等清除，用刀背捶打，而且边捶边排出茸泥中残留的筋膜，然后用刀口“剁”，这样制出的茸质量更好。但川菜中的鸡茸、鱼茸则不能剁而只能捶。常见的茸有鸡茸、虾茸、鱼茸等，目前多用搅拌机加工而成（见图 2–54）。

2. 泥

泥一般适用于豌豆、蚕豆、土豆等植物类原料，先蒸煮成熟后再挤压成泥状，常用来制作甜菜或馅心（见图 2–55）。

3. 丸

丸一般适用于莴笋、胡萝卜、土豆、冬瓜等蔬菜类原料。烹调中可用刀具将原料修成青果形或算盘珠形。也可使用规格不同的专用刀具，在坯料上剜挖制成圆珠形，其规格可根据菜肴的需要而定（见图 2–56）。

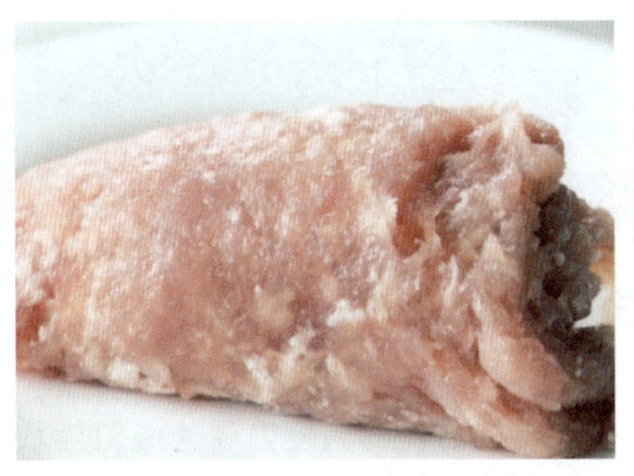
图 2-54　茸

图 2-55　泥

图 2-56　丸

七、小宾俏的成形方法与成形规格

小宾俏又称小料头、小配料，是指菜肴烹调中的小型调料，如姜、葱、蒜、泡辣椒、干辣椒等。小宾俏在菜肴烹制中的作用有除异、去腥、增味、增色、增香等。根据菜肴的不同要求和配菜中配形的原则，小宾俏需要经刀工处理成各种形态。

1. 葱、蒜苗的切法

（1）葱段

【制法】选用头粗与二粗的葱白，直切成长约 8 厘米的段（见图 2-57）。

图 2-57　葱段

【用途】一般用于烧、烩类菜肴。

（2）**开花葱**

【制法】选用二粗或三粗葱，先切 5 厘米长的段，再在两端各砍 5 ～ 8 刀，放入清水中漂一下，两头翻花即可。

【用途】一般用于烧烤与酥炸类菜肴中生菜的配料。

（3）**马耳朵葱**

【制法】选用头粗或二粗葱，两端切成斜面状的节，或用反刀斜片成斜面状的节（见图 2–58）。

【用途】一般用于肝、腰、肚的炒制或熘制类菜肴制作。

（4）**弹子葱**

【制法】选用二粗或三粗葱，两端直切成直径约 1.5 厘米的圆柱形（见图 2–59）。

图 2–58　马耳朵葱

图 2–59　弹子葱

【用途】一般用于主料是丁类的菜肴。

（5）**银丝葱**

【制法】将葱白两端正切成约 8 厘米长的段，对剖后再切成丝（见图 2–60）。

【用途】一般用于某些菜肴的盖面或色泽上的点缀。

（6）**鱼眼葱**

【制法】选用三粗或四粗葱，直切成约 0.5 厘米长的粒（见图 2–61）。

图 2–60　银丝葱

图 2–61　鱼眼葱

【用途】一般用于鱼香味型的菜肴。

（7）马耳朵蒜苗

【制法】切法同马耳朵葱。

【用途】一般用于“回锅肉”“盐煎肉”“麻婆豆腐”等菜肴。

（8）长段蒜苗

【制法】选用头粗或二粗蒜苗，直切成约 6 厘米长的段。

【用途】拍破或对剖后可用于制作“水煮牛肉”等菜肴。

2. 姜、蒜的切法

（1）姜、蒜丝

【制法】姜、蒜去皮后，先切片，再切丝。蒜丝的长度以蒜瓣的自然长度为准。

【用途】姜、蒜丝一般用于主料呈丝状的菜肴。

（2）姜、蒜片

【制法】姜、蒜去皮后，切成 1 厘米见方的片。

【用途】一般用于主料是片的菜肴。

（3）姜、蒜末

【制法】姜、蒜去皮后，剁成细米粒大小。

【用途】一般用于鱼香味型菜肴或鱼的烹调，也常用作碎肉类菜肴或肉类馅心的调味品。

3. 泡辣椒的切法

（1）马耳朵泡辣椒

【制法】泡辣椒去籽后，斜切成约 3 厘米长的节（见图 2-62）。

【用途】常用于炒、熘类菜肴。

（2）泡辣椒段

【制法】泡辣椒去籽后，切成约 6 厘米长的段（见图 2-63）。

【用途】常用于烧、炸收类菜肴。

图 2-62　马耳朵泡辣椒

图 2-63　泡辣椒段

（3）泡辣椒末

【制法】泡辣椒去籽后，用斩、剁的刀法剁成极细的末。

【用途】常用于鱼香味型的菜肴。

（4）泡辣椒丝

【制法】泡辣椒去籽后，剖开切成约 6 厘米长的细丝。

【用途】常用于“糖醋脆皮鱼”及一些菜肴的配色。

4. 干辣椒的切法

（1）干辣椒节

【制法】干辣椒去籽后，直切成 2 ～ 3 厘米长的段（见图 2–64）。

【用途】常用于炝、炒类及炸收类菜肴。

图 2–64　干辣椒节

（2）干辣椒丝

【制法】干辣椒去籽后剖开，直切成约 6 厘米长的细丝。

【用途】常用于干煸、炝类菜肴。

八、花形原料的成形方法与成形规格

花刀是刀工的艺术化，是指根据烹调和菜肴制作的要求，在脆性、软性、韧性及韧中带脆的原料上，巧妙地利用混合刀法，把原料加工成形态优美、卷曲自然的花刀块或花刀纹。由花刀处理后的原料，经过烹饪后可制成造型优美且脆嫩爽口的花式菜肴，适用的原料有猪腰、鸭肫、鱿鱼、肚、鱼等。常用的花刀形状有数十种，具有代表性的有以下几种。

1. 凤尾形

【制法】在厚约 1 厘米、长约 10 厘米的原料上先顺着用反刀斜剞，剞的刀距约为 0.4 厘米，深度约为原料的 1/2，再横着用直刀法片成三刀一断，成长条形，片的刀距约为 0.3 厘米，深度约为原料的 2/3，经过烹制卷缩后即成凤尾形（见图 2-65），如制作“凤尾腰花”“凤尾肚花”等。

 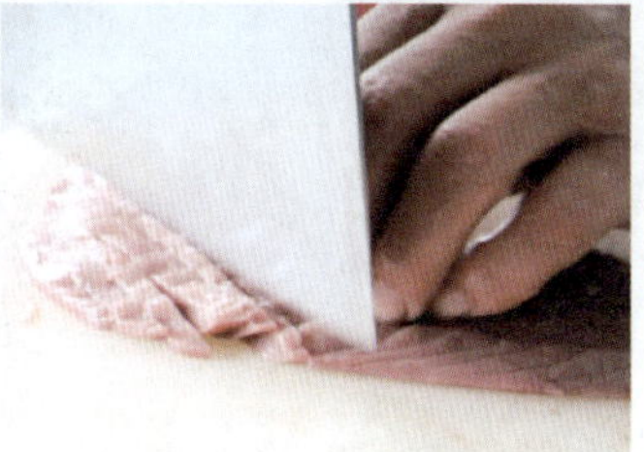 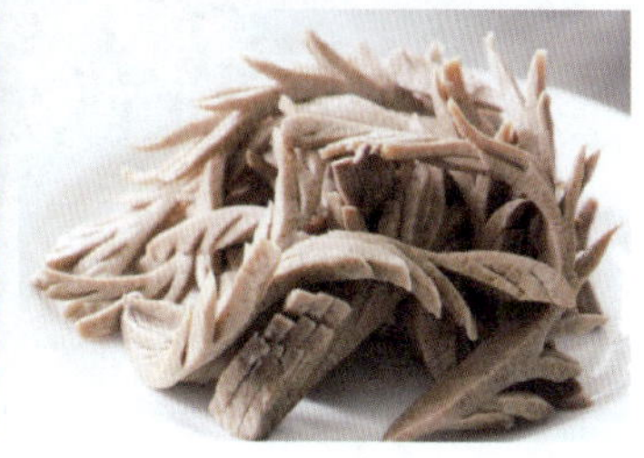

图 2-65　凤尾形

2. 菊花形

【制法】用直刀在厚约 2 厘米的原料上剞出刀距约为 0.4 厘米的垂直交叉十字花纹，深度为原料的 4/5，再切成约 3 厘米见方的块，经烹制卷缩后即成菊花形（见图 2-66），如制作“菊花里脊”“菊花鱼”“菊花鸭肫”等。

图 2-66　菊花形

3. 荔枝形

【制法】在厚约 0.8 厘米的原料上，用反刀斜剞出宽约 0.5 厘米的交叉十字花形，其深度为原料的 2/3，再顺着纹路切成长约 5 厘米、宽约 3 厘米的长方形块、菱形块或三角形块，经烹制卷缩后即成荔枝形（见图 2-67），如制作“荔枝肚花”“荔枝腰块”等。

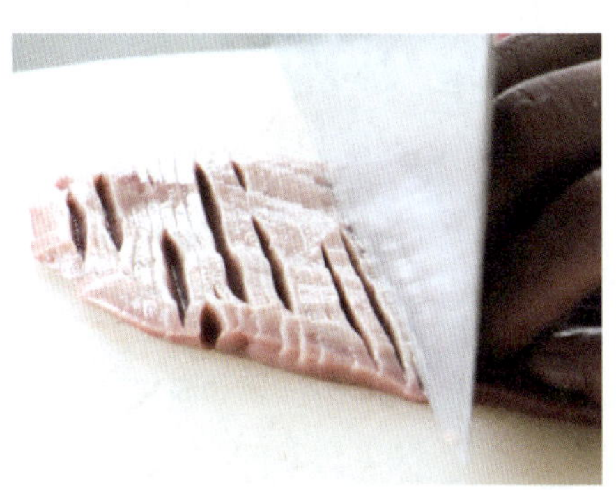 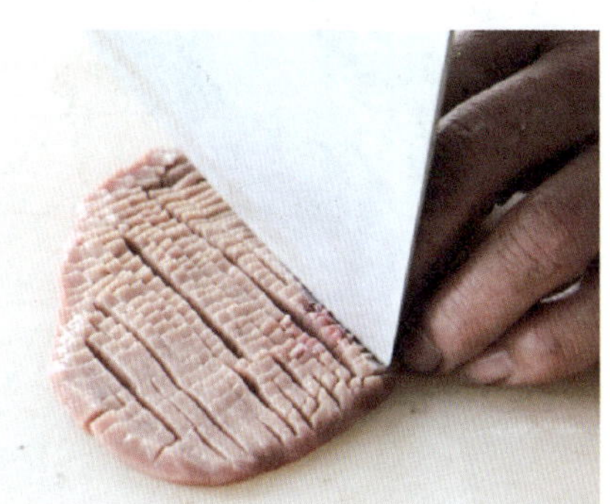

图 2-67　荔枝形

4. 雀翅形

【制法】选用 2 厘米粗的根、茎或瓜类等植物类原料，先将其对剖成两半，切成长约 1.5 厘米的节，将剖面紧贴菜墩，再用拉刀切的方法划成刀距约 0.1 厘米的连刀片（每片留 1/5 不划断），翻折处理即可。断刀可灵活运用，或四刀或五刀（见图 2-68），如制作“雀翅黄瓜”等。

5. 鱼鳃形

【制法】在厚约 1.2 厘米的原料上先用直刀剞，剞的刀距约为 0.3 厘米，深度约为原料的 1/2，再顺着用斜刀法片成三刀一断，片的刀距约为 0.5 厘米，深度约为原料的 2/3，经烹制卷缩后，即成鱼鳃形，如制作“鱼鳃腰花”“鱼鳃鱿鱼”等。

6. 麦穗形

【制法】在厚约 0.8 厘米的原料上交叉反刀斜剞，再按一定规格推刀切成条。例如麦穗肚的规格：先反刀斜剞成宽约 0.8 厘米的交叉十字花纹，再顺纹路切成宽约 3 厘米、长约 10 厘米的条。又如“火爆麦穗腰花”的规格：先反刀斜剞成宽约 0.5 厘米的交叉十字花纹，再顺纹路切成宽约 5 厘米、长约 2.5 厘米的条（见图 2-69）。以上反刀斜剞的深度均为原料的 2/3。

图 2-68　雀翅形

图 2-69　麦穗形

7. 松鼠形

【制法】鱼去头后沿脊骨将鱼身剖开，在距离鱼尾 3 厘米处停刀，然后去掉脊椎骨，劈去胸肋骨，在两扇鱼肉上剞上直刀纹，刀距约 0.5 厘米（见图 2–70a），深度要剞至鱼皮，再横着鱼身用斜刀剞，刀距为 0.5 厘米（见图 2–70b），深度也要剞至鱼皮，加热烹制后即成松鼠形（见图 2–70c）。常用于鳜鱼、青鱼等原料，适于炸、熘类菜肴，如制作“松鼠鳜鱼”等。

a)　b)　c)

图 2–70　松鼠形

8. 松果形

【制法】在厚约 0.7 厘米的原料上先推刀剞出斜度约 45°、刀距约 0.4 厘米的斜交叉刀纹，剞的深度为原料厚度的 2/3，然后改切成长约 5 厘米的三角形块，经加热烹制卷曲后形似松果，如制作“火爆鱿鱼卷”等。

9. 鸡冠花形

【制法】在厚约 3 厘米的原料上，用直刀顺剞出宽约 0.3 厘米、深约 2 厘米的刀纹，再把原料横过来切成宽约 0.3 厘米或两刀一断的片，经烹制后形如鸡冠。

10. 眉毛花形

【制法】在厚约 1 厘米的原料上，先顺着用反刀斜剞，剞的刀距约为 0.4 厘米，深度约为原料的 1/2，再横着用直刀法片成三刀一断，片的深度为原料的 2/3，宽约 1 厘米、长约 8 厘米，如制作“眉毛腰花”等。

11. 麻花形

【制法】先将原料片成长约 4.5 厘米、宽约 2 厘米、厚约 0.3 厘米的片，在原料中间顺长划开约 3 厘米的口，再在中间缝口的两边各划一道约 2.5 厘米的口，用手抓住两端并将原料一端从中间缝口穿过，即成麻花形。

12. 牡丹形

【制法】牡丹形是用直刀（或斜刀）剞和平刀剞的方法制作而成的。在鱼身两面每隔 3 厘米用直刀（或斜刀）剞一刀，剞至脊骨时将刀端平，再沿脊骨向前平推（见图 2–71a、图 2–71b）约 2 厘米后停刀，两面剞成对称的刀纹（见图 2–71c），加热后鱼肉翻卷，如同牡丹花瓣。牡丹形花刀常用于体大而厚的鲤鱼、大黄鱼、青鱼等原料，适用于脆熘、软熘等烹调方法，如制作“糖醋脆皮鱼”等。

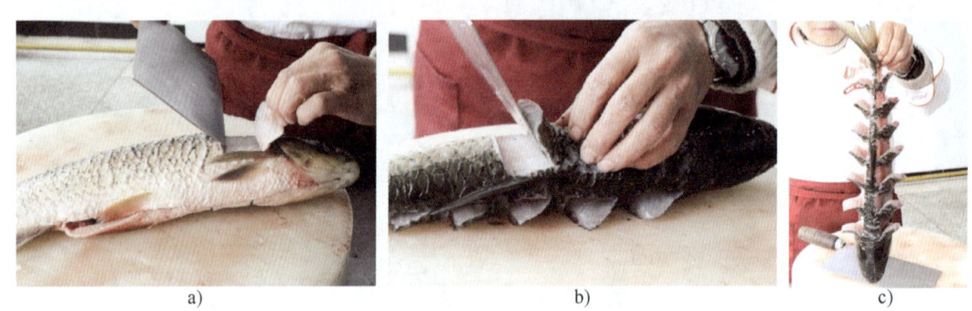

a)　　b)　　c)

图 2–71　牡丹形

13. 吉庆块

【制法】吉庆块是指经运刀加工后呈“吉庆”（佛教寺庙中僧人念经时伴奏的敲击乐器，呈“品”字形）形的块状原料。加工时，先将原料切成四方形块，再在原料每面 1/2 处用刀尖或刀根切一刀，深度为原料厚度的 1/2，要求刀纹相连，大小则根据烹调要求确定。如在改成四方形块后，先在每个棱角上刻上花纹，再进行改刀，则称之为“花吉庆”。吉庆块适用于植物类原料，如萝卜、莴笋、土豆等（见图 2–72）。

图 2–72　吉庆块

思考与练习

1. 块的成形方法主要有哪两种?

2. 菱形块、长方块（骨牌块）、梳子块、滚料块的规格分别是什么?

3. 滚料块适用于哪些原料?

4. 片的成形方法主要是哪两种?

5. 菱形片、牛舌片、灯影片、指甲片的规格分别是什么?

6. 某同学在片牛舌片时，经常出现穿刀和片不完整的现象，请帮他分析原因，并告诉他如何改正。

7. 一字条、筷子条、二粗丝、银针丝的规格分别是什么?

8. 某同学在练习银针丝时，经常出现一头粗、一头细的现象，请帮他分析原因，并告诉他如何改正。

9. 在切条或丝时，若出现截面呈梯形或菱形的现象是什么原因?应如何改正?

10. 小宾俏是指什么?

11. 开花葱、马耳朵葱如何切制?它们在烹饪中各有什么用途?

12. 厨房中常用的姜丝、姜片、姜末，如何切制才不会浪费原料?

13. 花刀的成形方法有哪些?

第三章
分档取料与整料出骨

学习目标

1. 了解分档取料的要求与意义，掌握分档取料的方法
2. 了解整料出骨的要求，掌握整料出骨的方法

分档取料是指对已经宰杀和初步加工的家畜、家禽的整个胴体，按照烹调的不同要求，根据其肌肉及骨骼组织的不同部位、不同质地，准确地进行分档切割的方法。整料出骨是指将整只原料中的全部骨骼或主要骨骼剔出，仍保持原料原有完整形态的一种加工技术。

第一节　分档取料

分档取料是一项技术性较强的操作工序，必须熟悉原料的组织结构，才能保证原料完整不烂、便于切配，从而提高原料的利用率，做到物尽其用。

一、分档取料的意义与基本要求

1. 分档取料的意义

（1）体现烹调特点，保证菜肴质量

菜肴特色和烹调方法不同，所选用原料的部位也不同。例如，用猪肉烹制蒸、烧、焖类菜肴，一般以选用猪的五花肉为宜，制作的菜肴成品肥而不腻、香味浓郁；制作熘、炒类菜肴，宜选用猪的里脊肉，成品细嫩鲜香；制作“回锅肉”，则应首选带皮的坐臀肉。所以，只有因菜取料和因料烹饪，才能保证菜肴的特色和质量。

（2）保证合理使用原料，物尽其用

家畜、家禽类原料的品质随部位而异，部位不同，特性也有区别。例如猪颈肉，肉质肥瘦不分，适宜制馅；里脊肉肉质最为细嫩，以熘、炒的烹调方法成菜最具特色。这说明各部位虽然肉质不同、特性不同，但都有其适合的烹调方法，只有根据不同的烹调方法选用相应部位的原料，才能使菜肴多样化。

2. 部位取料的基本要求

（1）熟悉家畜、家禽的组织结构，做到准确下刀

质量有别的肌肉之间，往往有一层筋络隔膜，所以在各部位取料时，应按刀路取肉，以保证不同部位原料的完整性。

（2）正确掌握取料的先后顺序

去骨、分档取料时，要根据胴体结构及操作的方便性，分步骤开刀、去骨、取肉，以保证不同部位肉体的完整性。

（3）出骨取肉时，刀刃要紧贴骨骼，徐徐而进

这种出骨操作准确安全，骨肉分离合理，避免浪费。

（4）部位取料时，重复的刀口要一致

出骨取料时刀刃与原料如有离刀，再次进刀时就一定要在上次的刀口上运行。这样，出骨后与取料时才不会出现杂乱的刀痕或在骨骼上留下过多的碎肉，以保证原料的完整性。

二、鸡的分档取料

家禽中的鸡、鸭、鹅、鸽、鹌鹑等的肌体结构和不同肌肉部位的分布情况基本相同，因而其分档方法也大体相同。在此以鸡为例介绍家禽的分档取料（见图 3-1）。

图 3-1　鸡的分档部位示意图

1—鸡爪　2—鸡腿　3—鸡翅　4—鸡胸　5—鸡里脊　6—背脊肉

7—鸡颈　8—鸡头

1. 鸡爪

鸡爪所含胶质丰富，皮嫩而脆，有皮无肉，主要用于制冻、汤或卤、烧、酱、拌、油泡等烹调方法，常见的菜式有“卤鸡爪”“红烧鸡爪”“泡椒凤爪”“凉拌脱骨鸡爪”等。

【分档取料方法】用刀顺着鸡的腿关节切下鸡爪即可（见图 3-2）。

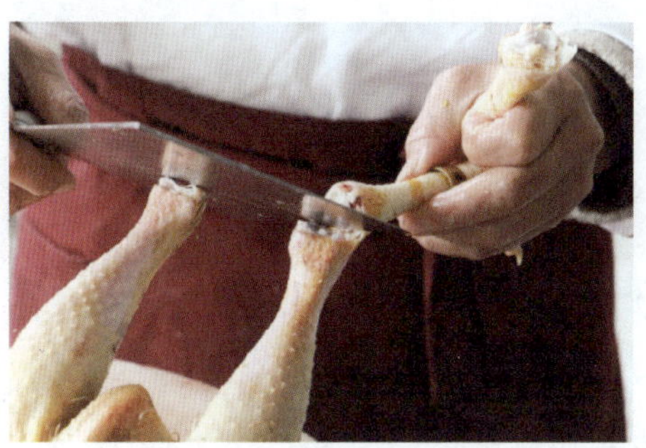

图 3-2　取鸡爪

2. 鸡腿

鸡腿肉多、厚实，颜色深、筋多，宜于加工成丁、块，用于烧、烤、炸、炒、爆、焖等烹调方法，常见的菜式有“红烧鸡腿”“烤鸡腿”“炸鸡块”等。

【分档取料方法】用刀沿着鸡大腿将身躯骨关节割下，然后用手抓住鸡大腿用力向后扳，用刀割断连接着的筋膜，用力向后撕拉，割下鸡腿（见图 3-3）。用上述方法，将另一只鸡腿也割下，去掉鸡腿骨，再用刀尖紧贴股骨与胫骨将肉划开，取出骨骼（见图 3-4）。

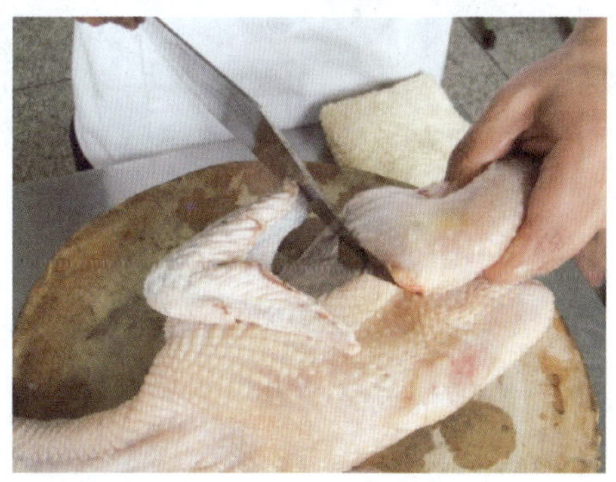

图 3-3　取鸡腿

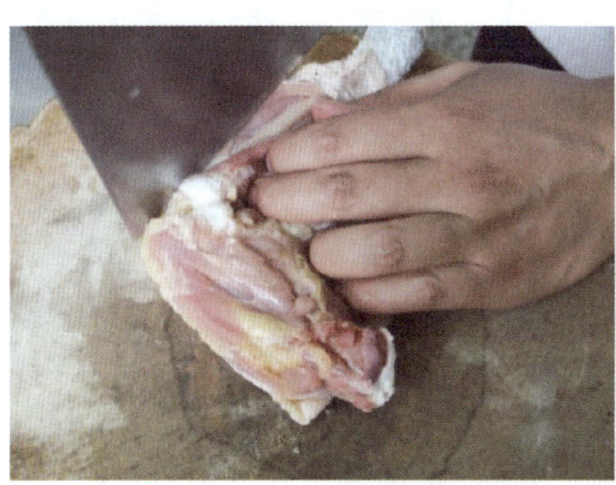
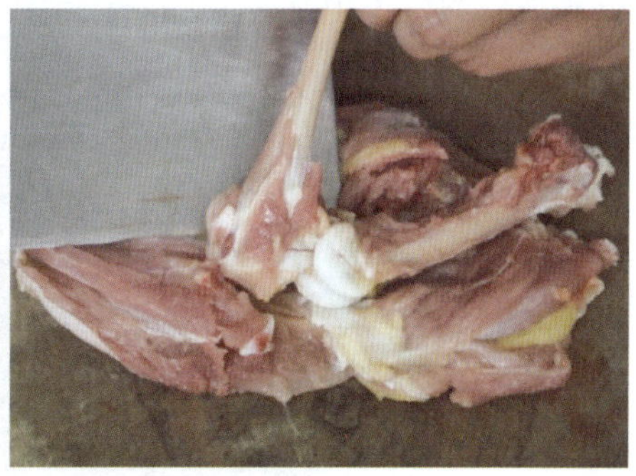

图 3-4　取鸡腿骨

3. 鸡翅、鸡胸

鸡翅的皮与肌肉均细嫩，鸡胸肉筋少肉厚、肉质细嫩。鸡翅有良好的口感，一般不易剔骨出肉，常用于烧、烩、炖、焖、酱、卤等烹调方法，常见的菜式有“烧鸡翅”“炸鸡翅”“黄焖鸡翅”等。鸡胸肉一般可加工成片、丝、条、丁和制鸡茸等，适用于爆、炒、煎、汆、熘等烹调方法，常见的菜式有“宫爆鸡丁”“辣子鸡丁”“芙蓉鸡片”等。

【分档取料方法】左手握住鸡翅，右手执刀，沿着翅骨与鸡体骨骼的连接处下刀，割断筋膜，左手将鸡翅用力向后拉，将翅膀与胸脯肉一同拉下，使之脱离鸡体（见图 3–5）。

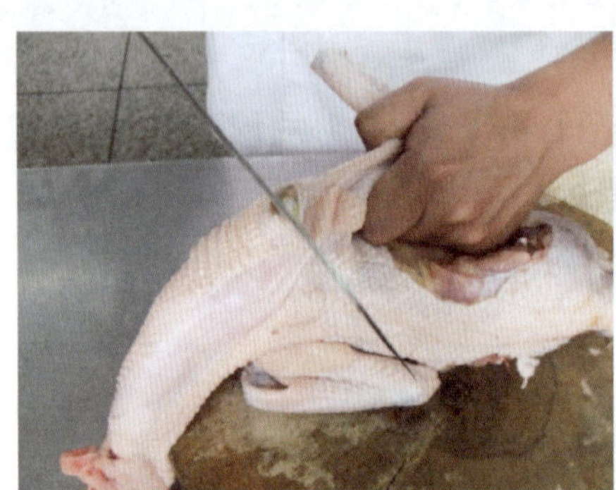 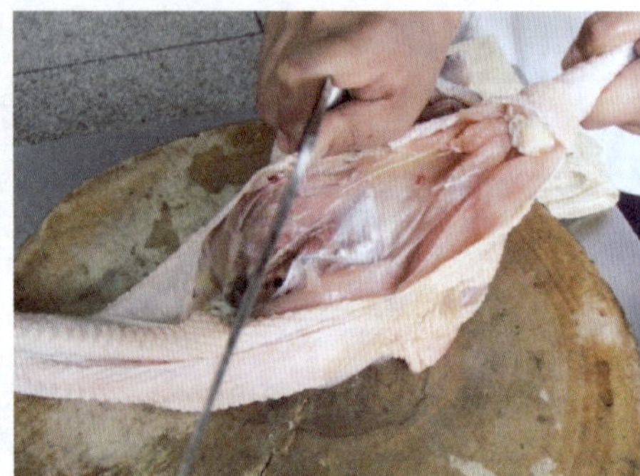

图 3–5　取鸡翅、鸡胸肉

4. 鸡里脊

鸡里脊是鸡身上最细嫩的部分，可用于爆、炒、烩、汆等烹调方法。

【分档取料方法】先用刀劈开鸡的锁骨，刀刃要紧贴胸骨，将里脊与胸骨划开，左手抓住里脊肉趁势往后拉。用同样的方法，拆下另一条里脊肉。

5. 背脊肉

鸡背脊肉无筋，肉质不老不嫩，适用于爆、炒类菜肴。

【分档取料方法】用刀根在鸡背脊凹陷处刮一下，即可得到两块背脊肉（见图 3–6）。

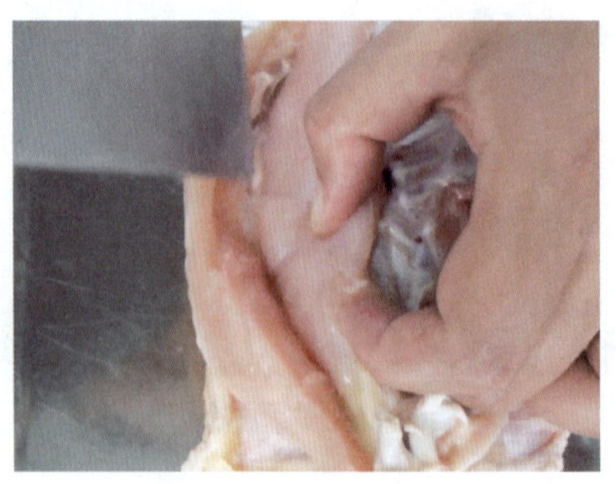

图 3–6　取背脊肉

6. 鸡颈

鸡颈皮脆肉嫩、骨多肉少，可用于白煮、制汤、红烧、酱等烹调方法。

【分档取料方法】用刀沿着鸡颈与身体的连接处切割，即可得到鸡颈。

7. 鸡骨架

鸡骨架骨多肉少，一般用于制作高汤。

【分档取料方法】整只鸡经拆卸后，除去头、颈、爪、翅膀、胸脯、腿、里脊肉以后，即剩下鸡骨架。

三、猪的分档取料

猪肉的部位不同，肉质相差较大。在烹调中，只有按照各部位的性质特点，选择适宜的烹调方法，才能烹制出符合要求的菜肴来。猪的分档部位如图 3–7 所示，各部位特征及烹调用途见表 3–1。

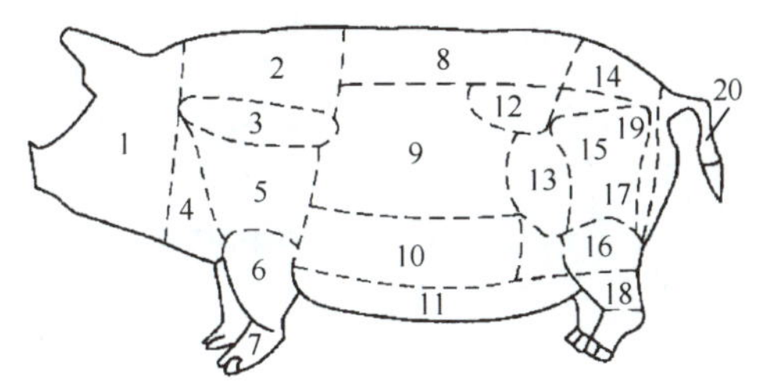

图 3–7 猪的分档部位示意图

1—猪头 2—凤头肉 3—眉毛肉 4—槽头肉 5—前夹肉 6—前肘 7—前足 8—里脊肉 9—正保肋肉 10—五花肉 11—奶脯肉 12—腰柳肉 13—秤砣肉 14—臀尖肉 15—盖板肉 16—后肘 17—黄瓜条 18—后足 19—门板肉 20—猪尾

表 3–1 猪的分档部位特征及烹调用途

部位	部位描述	特征	烹调用途
猪头	包括上下牙颌、耳朵、上下嘴尖、印合、眼眶、核桃肉等	猪头肉皮厚、质老、胶质重	适宜凉拌、卤、腌、烟熏、酱、腊等
凤头肉	又称上脑	此处肉皮薄，微带脆性，瘦中夹肥，肉质较嫩	适宜炒、滑、卤、蒸、烧或制汤

续表

部位	部位描述	特征	烹调用途
眉毛肉	肩胛骨上方约500克的瘦肉	肉质与里脊肉相似，只是颜色较深，质地较细嫩	适宜炒、熘、软炸、炸收、卤、凉、腌、酱、腊等
槽头肉	又称颈肉	肉质老、肥瘦不分	适宜做包子、蒸饺的馅心或用于红烧、粉蒸等
前夹肉	又称前腿肉	此部位肉半肥半瘦，肉质较老，颜色较红，筋多	适宜炸收、炒、拌、卤、烧、腌、酱、腊或烹制咸烧白、连锅汤等
前肘	又称前蹄髈	皮厚、筋多、胶质重，肉质较好	适宜凉拌、制汤、烧、炖、煨、蒸等
前足	又称前蹄	只有皮、筋、骨骼，胶质重	质量较后足好，适宜烧、炖、卤、煨、酱、制冻等
里脊肉	又称扁担肉等	肉质最细嫩，是猪肉中质地最好的肉	适宜炒、熘、软炸、炸收、卤、凉、腌、酱、腊等
正保肋肉		肉皮薄，有肥有瘦，肉质较好	适宜蒸、卤、烧、煨、腌，可烹制甜烧白、粉蒸肉、红烧肉等
五花肉	这一部位肉因一层肥、一层瘦，共有五层，故得此名	肉质较嫩，肥瘦相间，皮薄	适宜烧、蒸，可烹制咸烧白、香糟肉、红烧肉、东坡肉等
奶脯肉	又称下五花、拖泥肉等	位于猪腹部，肉质差，多为泡泡肉，带奶腥味，肥多瘦少	一般做炸酥肉等用
腰柳肉	与秤砣肉连结的长条状一头粗、一头细的肉	肉质极为细嫩，水分较重，有明显的肌纤维	适宜爆、熘、炒、炸等或做汤菜
秤砣肉	又称弹子肉	在门板肉上，肉质细嫩，筋少，肌纤维短	适宜炒、熘、爆等
臀尖肉		肉质嫩，肥多瘦少	适宜凉拌、卤、腌，可做汤菜或烹制回锅肉等
盖板肉	连结秤砣肉的一块瘦肉	肉质细嫩，筋少，肌纤维短	适宜炒、熘、爆等

续表

部位	部位描述	特征	烹调用途
后肘	又称后蹄髈	皮厚、筋多、胶质重，肉质较好	适宜凉拌、制汤、烧、炖、煨、蒸等
黄瓜条	在门板肉的皮下脂肪处，呈长圆形、似黄瓜的一块肉	质地细嫩	适宜熘、炒，用途同秤砣肉
后足	又称后蹄	只有皮、筋、骨骼，胶质重	适宜烧、炖、卤、煨、酱、制冻等
门板肉	又称梭板肉、坐臀肉	肥瘦相连，肉质细嫩，色白，肌纤维长	用途同里脊肉。川菜名菜“回锅肉”的原料首选坐臀肉
猪尾		皮多、脂肪少、胶质差	多做烧、卤、凉拌等用

四、牛肉的分档取料

牛肉的烹调应用较广，它以瘦肉多、纤维细嫩著称，“水煮牛肉”“土豆炖牛肉”等都是用牛肉烹制的名菜。

牛肉的分档和用途与猪肉大致相仿，但由于有些部位的肉质与猪肉不同，因此，分档名称和用途也有所不同。牛的分档部位如图 3–8 所示，各部位特征及烹调用途见表 3–2。

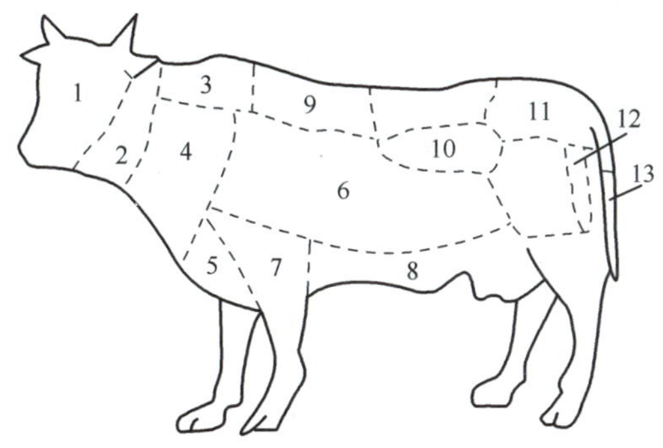

图 3–8　牛的分档部位示意图

1—牛头　2—颈肉　3—上脑　4—前夹　5—胸口　6—肋条　7—腿腱　8—牛腩

9—扁肉　10—牛柳　11—三叉　12—黄瓜条　13—牛尾

表 3-2　牛的分档部位特征及烹调用途

部位	部位描述	特征	烹调用途
牛头		皮、骨、筋多，肉少	一般酱制、卤制或凉拌
颈肉	肉丝呈横竖状		适宜制作肉馅
上脑	上脑是背部肌肉，宽且厚，是一条长方形肌肉。短脑是上脑前部靠近肩胛骨的一块较短且稍呈方形的肌肉。有时两块肌肉连在一起，统称上脑	上脑肌肉纤维平直细嫩，肉丝里含有微薄而均匀的脂肪，断面呈现出大理石的花纹，肉质酥松而富有弹力	适宜熘、炒等
前夹	又称牛肩肉，包裹肩胛骨	前夹上一块双层方片形肌肉，体厚、纤维细、无筋，习惯叫“梅子头”，相邻的一块纹细无筋的肉叫“梅心”，质地较好	适宜酱、卤、焖、炖等
胸口	胸口肉在两腿中间	脂肪多，肉质粗	适宜熘、炖、烧等
肋条		肋条肉中有许多筋膜和脂肪	适宜炖、烧等
腿腱	是牛的四肢小腿肉	筋膜多，烹调时须文火焖烧，但时间不宜过久	适宜酱、卤、炖、烧等
牛腩	牛腩在腹部内，俗称弓口、灶口	筋膜相间，韧性较强	适宜制馅、清炖等
扁肉	又称扁担肉	扁肉是覆盖腰椎的扁长形肌肉，肌肉纤维细长、质地紧密、弹性良好，没有筋膜和脂肪杂生其间，是一块质地细嫩的纯瘦肉	适宜熘、炒等
牛柳	又称牛里脊	牛肉中最为细嫩的肉，用手即可撕碎	适宜汆、爆、炒、熘等
三叉	又称米龙、尾龙扒	肉质细嫩酥松	适宜熘、炒、焖、烧等

续表

部位	部位描述	特征	烹调用途
黄瓜条	肌肉纤维紧密，弹性良好，没有脂肪包裹，也没有筋膜间生，是选取瘦肉的主要部位，后腿肌肉很多在销售时，都按自然形成的部位顺着间隔的薄膜进行分割	瘦肉多，脂肪少	适宜熘、爆、炒、烫等
牛尾		肉质肥美	最宜炖汤

五、羊的分档取料及用途

羊的分档部位如图 3-9 所示，各部位特征及烹调用途见表 3-3。

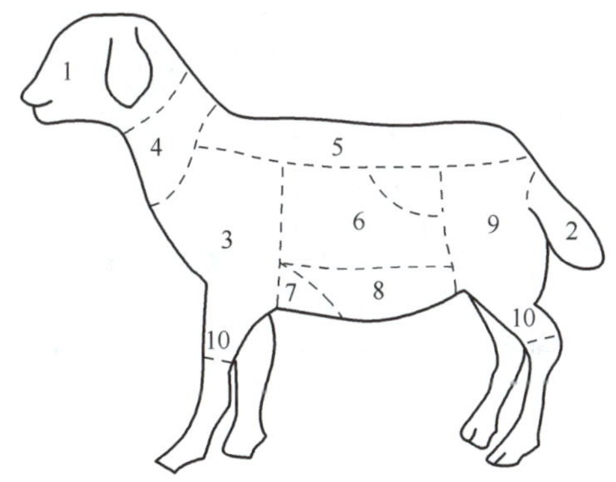

图 3-9　羊的分档部位示意图

1—羊头　2—羊尾　3—前腿　4—颈肉　5—脊背
6—肋条　7—胸脯　8—奶脯　9—后腿　10—前、后腱子

表 3-3　羊的分档部位特征及烹调用途

部位	部位描述	特征	烹调用途
羊头		皮多肉少	一般用于熬汤
羊尾	因品种不同，羊尾的质量有较大差异	山羊尾皮多肉肥，绵羊尾肥嫩多油	山羊尾适宜烧、卤、酱等；绵羊尾适宜爆、炒、炸等
前腿	包括前胸和前腱的上部	肉质细嫩，肉中无筋	适宜烧、炖、蒸、煮等

续表

部位	部位描述	特征	烹调用途
颈肉		肉质老且有筋	适宜烧、炖、制馅等
脊背	脊背肉俗称扁担肉	肌纤维细，长短适中	适宜炒、煎、炸、熘等
肋条	位于肋骨部分，又称方肉	羊越肥，这块肉越嫩，肥瘦兼具，肉质细嫩无筋	适宜烤、爆、炒、涮、蒸等
胸脯	胸脯肉位于前胸部位	肉质肥多瘦少，肉性脆而无筋，肉质较好	适宜炸、爆、炒、烧等
奶脯	位于羊腹部	肥油较多	不适宜烹调菜肴
后腿		后腿肉多而嫩，其中位于羊臀尖的肉肥瘦各半，上部有一层夹筋，去筋后全是瘦肉，可代替背柳肉使用；位于臀尖下的称为磨档肉，肌纤维纵横不一，肉质松而粗，肥多瘦少，质量较差	适宜炒、炸、爆等
前、后腱子		肉质老而脆，纤维短，肉中夹筋	适宜烧、炖、制汤等

思考与练习

1. 什么是分档取料?
2. 试述鸡、猪、牛、羊各部位的肉质特点。

第二节　整料出骨

为了烹制出用料精细、造型讲究、口感上乘的菜肴，往往将鸡、鸭、鱼等整形的原料进行整料出骨。

一、整料出骨的作用

原料经整料出骨后体态柔软，不仅易于成熟入味，而且能够填充其他原料，制作出形态多样的象形菜肴，如“葫芦鸭”“八宝鸡”“荷包鲫鱼”等。

1. 易于成熟入味

整形原料由于含有很硬的骨骼，在烹调时会对热的传递和调味品的渗透产生一定的阻碍作用，特别是当其腹内瓤有原料时，成熟时间更慢，而且不易入味。因此，将其骨骼剔出，有利于其成熟入味。

2. 形态美观、食用方便

经整料出骨的鸡、鸭、鱼等原料，由于去掉了坚硬的骨骼，剩下柔软的肉体可以改造成多种形态，成为精美的象形菜肴，且成菜后无骨骼的影响，食用更加方便。

二、整料出骨的要求

1. 用料精细

作为整料出骨的原料，必须肥壮多肉且大小、老嫩适宜。例加，鸡应选用生长约一年而尚未生蛋的母鸡，即俗称的“仔母鸡”，鸭应选用生长 8 个月左右的肥壮母鸭，这种母鸡、母鸭的质地既不太老也不太嫩，皮肤的弹性、韧性都较好，去骨时不易碎，烹调时皮不易裂，鲜香程度较高。又如，鱼类应选用 500 ~ 700 克，新鲜度高，肉质肥厚的鳜鱼、鲈鱼、黄鱼等。

2. 初步加工符合条件

（1）鸡、鸭宰杀时必须放尽血液，以免皮肉被污染，影响成菜质量。

（2）禽类宰杀后，烫毛的水温应适宜，时间上亦要适当掌握，否则出骨时皮易破裂。鱼类在刮鱼鳞时不可弄破外皮，以免影响成菜质量。

（3）整只原料出骨，均不剖腹取内脏。整料出骨的操作中，鸡、鸭可采用内脏随骨骼一同拉出的方法；鱼类原料可取出脊背后挖出内脏，也可从鳃骨处拉出内脏，再进行出骨。

3. 出骨下刀正确，不破损外皮

出骨时要熟悉原料各部位的结构状况及部位特征，刀路正确并应紧贴骨骼进行剔剐，要求骨不带肉、不破损外皮，出骨过程中，注意刀刃、刀背、刀尖交叉变换，结合运用，不能使肉上夹带碎骨，以免影响食用。

三、鸡的整料出骨

鸡整料出骨的加工步骤：出颈骨→出翅骨→出躯干骨→出鸡腿骨→翻转鸡皮。

鸡整料出骨的加工方法：

1. 划破颈皮，斩断颈骨

首先在鸡的颈部与肩部交接的鸡皮上，直割出约 6 厘米的刀口（见图 3-10），并从刀口处将鸡皮扒开，拉出颈骨，在靠近鸡头处将颈骨斩断，注意刀不可划破鸡皮。

2. 出前翅骨

从颈部刀口处用手将皮肉翻开，连皮带肉用刀缓缓向下翻剥，直至露出前翅骨关节时，用刀将连接的筋割断，使前翅骨与鸡身脱离（见图 3-11），然后抽出鸡翅膀的左右臂骨及桡骨和尺骨（见图 3-12），将其一一斩断。

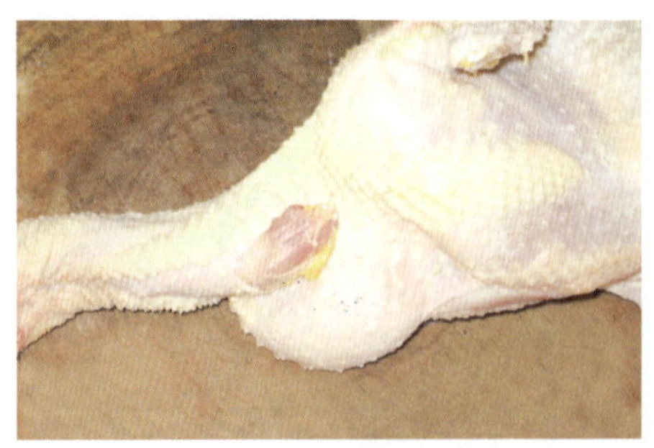

图 3-10　划破颈皮

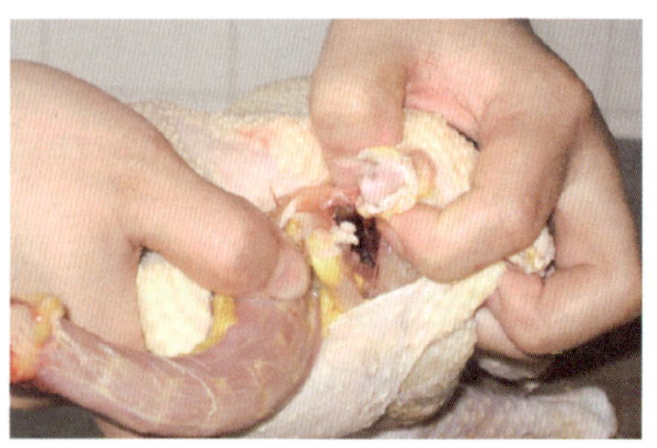

图 3-11　前翅骨与鸡身脱离

3. 出躯干骨

把鸡竖放，将背部的皮肉外翻并剥离至脊背中部后（见图 3–13），将鸡胸腹朝上置于案板上，一手拉住颈部，另一手按住鸡胸骨突起处，然后将皮肉再往下轻轻翻剥，如不易剥脱，可用刀在皮与骨间割离后再剥（见图 3–14）。剥至腿部时，双手各执一鸡腿，用拇指扳着剥下的皮肉，将腿向背部慢慢扳开，露出腿关节，用刀将连接关节的筋割断，使后肢骨与鸡身脱离（见图 3–15）。再继续向下翻剥至肛门，割断尾椎骨，尾骨要连在鸡身上。取出躯干骨，再割断鸡肠，洗清肛门处的污秽。

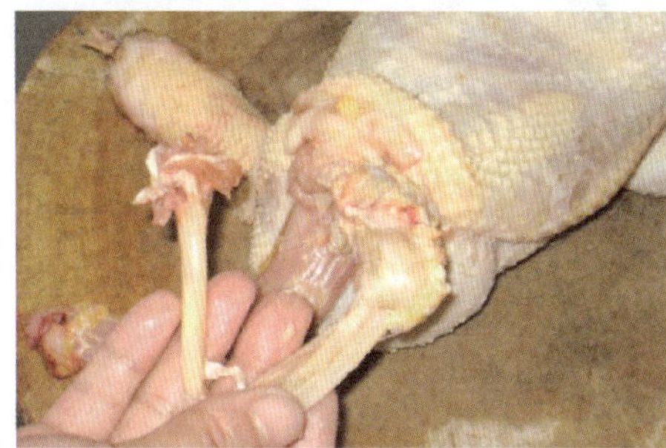

图 3–12　出前翅骨

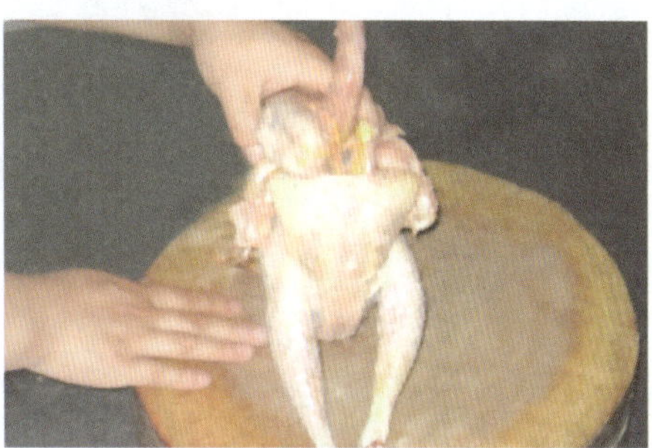

图 3–13　剥离背部的皮

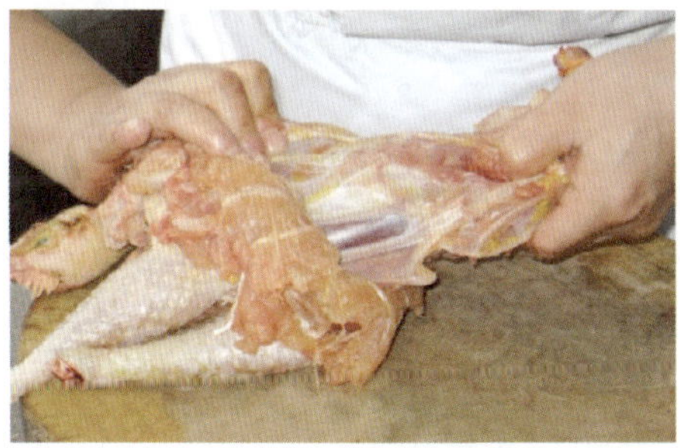

图 3–14　剥离皮与骨

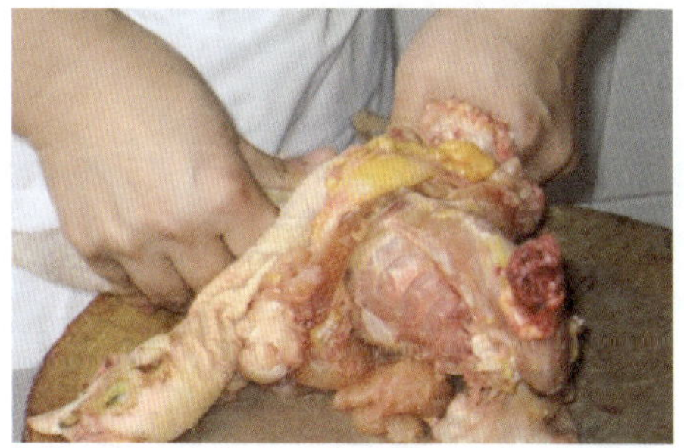

图 3–15　取出躯干骨

4. 出腿骨

将大腿骨皮肉向下翻至关节外露，用刀将其筋络割断。继续向下翻剥至接近小腿关节处，一刀斩断（见图 3–16），但不能斩断关节，以免后续填料时漏馅。至此，已将全部鸡骨除尽（见图 3–17）。

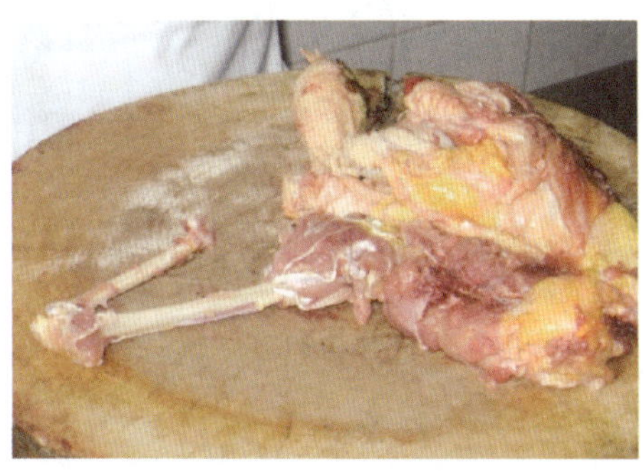

图 3–16　斩断大腿骨

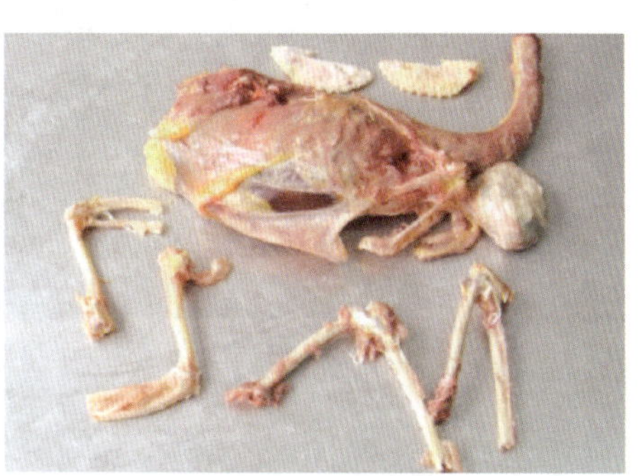

图 3–17　全鸡脱骨

5. 翻转鸡皮

鸡的骨骼去净之后，仍将鸡皮向外，保持原有形态（见图 3-18）。

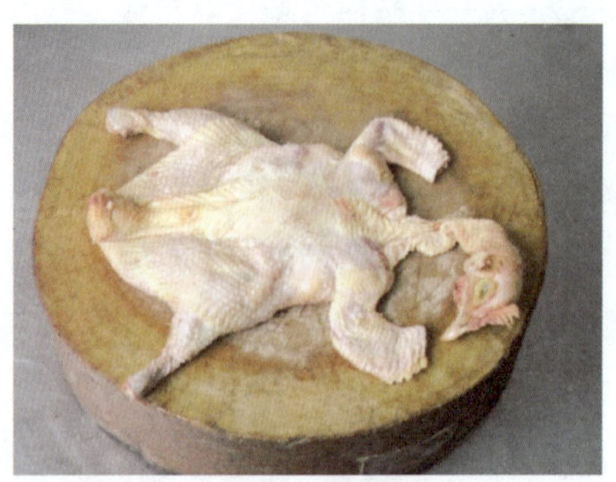

图 3-18　成形

四、鱼的整料出骨

鱼整料出骨的加工步骤：出脊椎骨→出胸骨→除整骨→恢复原形。

鱼整料出骨的加工方法：

1. 斩断前端脊骨

用刀根将靠近鱼头一侧的脊骨斩断至鱼胸骨处（见图 3-19）。

2. 使鱼肉与脊骨相脱离

将鱼头朝内放在案板上，左手按住鱼身，用拇指用力卡住鱼的脊背，使其背部肌肉绷紧，右手用刀尖在脊背尾部紧贴着鱼脊骨横片进去，从鱼尾一直用拉刀片到头骨处（见图 3-20），然后左手稍微向下按，使脊背上的刀缝张开，右手刀刃紧贴脊骨横片进鱼身，并由脊骨片到刺骨。鱼翻面，用同样的方法将另一面的鱼肉与脊骨脱离（见图 3-21）。

图 3-19　斩断前端脊骨

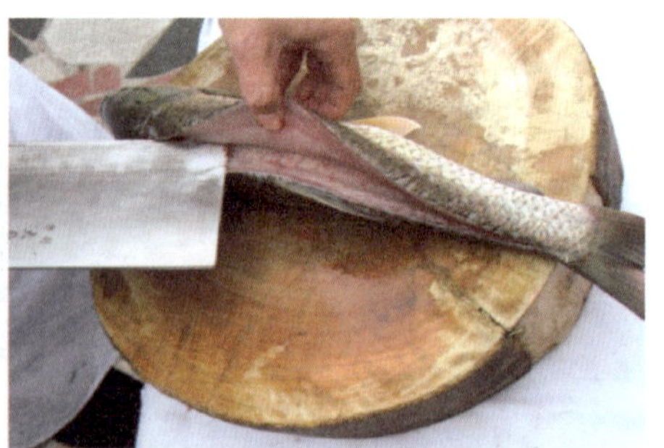

图 3-20　鱼肉与脊骨脱离 1

3. 使鱼肉与胸骨相脱离

顺着刺骨片至胸骨，使鱼肉与胸骨脱离（见图 3-22）。

图 3-21　鱼肉与脊骨脱离 2

图 3-22　鱼肉与胸骨脱离

4. 斩断尾端脊骨，取出鱼骨

用刀将尾端鱼骨斩断（见图 3-23），割断鱼肉与鱼骨的相连处，取出鱼骨（见图 3-24）。

图 3-23　斩断尾端脊骨

图 3-24　取出鱼骨

5. 恢复原状

鱼骨取出后，将鱼恢复原状成形（见图 3-25）。

图 3-25　成形

思考与练习

1. 整料出骨的意义及作用是什么？
2. 简述整鸡出骨的步骤。
3. 简述整鱼出骨的步骤。

第四章

干货原料涨发技术

学习目标

1. 理解干货原料的涨发要求
2. 掌握常见干货原料的涨发方法
3. 掌握干货原料涨发后的保存方法

干货原料又称干货、干料、干制品，是指将鲜活的动植物原料在自然或人工条件下，经过晾、晒、烘、风干等脱水干燥处理，使其水分降低到足以防止腐败变质的水平，从而可以长期保存的一类烹饪原料。干货原料的脱水干制方法有晒干、风干、烘干、熏干等。与新鲜原料相比较，其具有干、硬、韧、老等特点，不能直接烹调或食用。干货原料在烹调之前必须先进行涨发，以尽可能使其恢复到原有的鲜嫩、松软状态，从而达到烹调与食用的要求。

第一节 干货原料的涨发方法

干货原料涨发是指采用各种不同的涨发方法，使干货原料重新吸收水分，以最大限度地恢复其原有的鲜嫩、松软、爽脆状态，同时除去原料中的杂质和异味，使其便于切配、烹调和食用的原料处理方法。

由于新鲜原料的种类和质地各不相同，将其制成干制品时所采用的干制方法和原料的脱水率也不相同，因而不同干货原料的涨发方法和涨发效果也有所区别。

一、干货原料涨发的目的

干货原料经过合理涨发加工，可最大限度地恢复其原有松软质地，提高其食用价值，增加良好的口感，有利于人体的消化与吸收。同时，干货原料经过涨发加工，可除去原料中的异味和杂质，便于刀工处理，提高菜品的烹饪价值，增加菜品的美观程度。

二、干货原料涨发的要求

干货原料涨发是一个比较复杂的操作过程，也是一项技术性较强的操作技能。涨发效果的好坏，直接关系到原料的烹调及菜品的质量。尤其是高档的原料（如鱼翅、燕窝等），涨发的质量直接决定菜品的档次。因此，干货涨发是一项非常重要的加工工序，在操作过程中要求做到以下几点：

1. 熟悉干料的产地和品种性质

同一品种的干货原料，由于产地、产期不同，其品种质量也有所差异。例如，山东与安徽产的粉丝，由于所用原料不同，其浸泡时间也各不一样，山东产的粉丝是用绿豆粉制成的，耐泡；安徽产的粉丝是用甘薯粉制成的，不适宜长时间浸泡。所以只有熟悉干货原料的产地、品质，才能采取合理的涨发方法，达到预期的效果。

2. 能鉴别原料的品质

各种干货原料在质量上有优劣等级之分，正确鉴别原料的质地，准确判断原料的等级，是涨发干货原料成败的关键因素。

3. 认真按程序操作

干货原料的涨发过程一般分为原料涨发前的初步整理、涨发、涨发后处理三个步骤。每个步骤的要求、目的虽不同，但它们都相互联系、相互影响、相辅相成，无论哪个环节失误，都会影响涨发效果。因此要认真对待涨发过程中的每一个环节，熟练掌握各项涨发技术。例如涨发干蹄筋，在涨发之前必须将蹄筋在温油锅中浸泡一段时间，再在涨发过程中掌握好油发的火候及温度，最后在去油过程中要掌握恰到好处的碱量，如此才能达到涨发的要求。

三、干货原料涨发的方法

干货原料因性质不同，干制方法也不相同。因此，在原料涨发过程中，不可能只采取一种方法来完成，必须根据原料的属性要求，采用不同的涨发方法。涨发方法有水发、碱发、油发、火法和晶体发五种。在具体操作中，水发又分为冷水发和热水发，而热水发又包括泡发、煮发、焖发、蒸发等。除水发外，其他三种方法都必须由水发来配合完成涨发过程（见图 4–1）。

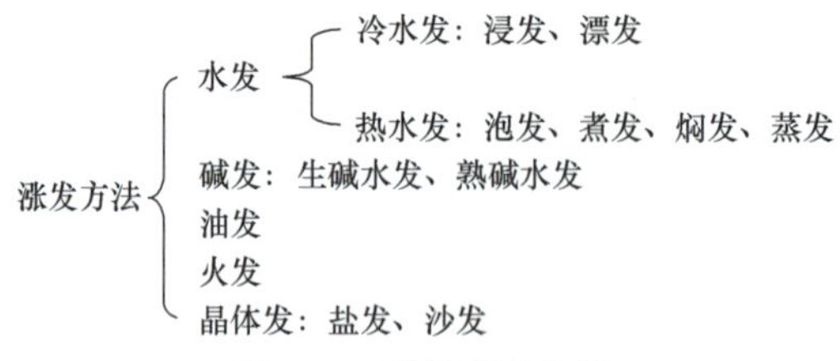

图 4–1　涨发方法分类

1. 水发

水发是将干货原料放在水中浸泡，使其最大限度地吸收水分、去掉异味、涨大回软的过程。水发是运用最多的涨发方法，使用范围也很广，除部分有黏性、油分、胶质及表面有皮鳞的原料外，一般干货原料都可采用水发方法。即使经过碱发、油发、火发、晶体发处理的干料，最后也要经过水发的过程。因此，水发是最普通、最基本的涨发方法。水发根据水温的高低不同，可分为冷水发和热水发两种。

（1）冷水发

冷水发是把干货原料放在冷水中浸泡，使水分经干细胞壁进入干货原料体内，利用水分的渗透扩散作用使干货原料体积逐渐膨胀，基本恢复到柔软、松韧原态的加工方法。冷水发操作简便易行，能基本保持干货原料原有的风味。冷水发又分浸发和漂发两种。

1）浸发。浸发是指将干货原料放在冷水中浸泡，使其慢慢吸收水分、涨大回软、去除异味、恢复原态的涨发方法。浸发的时间应根据原料的大小、老嫩和软硬程度而定。

浸发一般适用于体小、质嫩的原料，如竹荪、黄花、木耳、海带等，一般浸泡2～3小时即可发透。浸发还常用于配合、辅助其他涨发方法。

2）漂发。漂发是指将干货原料放在冷水中，用手不断挤捏或用工具使其漂动，将附着在原料上的泥沙、杂质、异味等漂洗干净的涨发方法。无泥沙、有异味的原料可用流水缓缓地冲漂，以除去异味。

（2）热水发

热水发就是将干货原料放在热水或蒸汽中，利用热量的传导作用，使水分子剧烈运动，促使原料加速吸收水分，从而使其体积不断膨胀并恢复软嫩的涨发方法。

绝大部分动物类干货原料及部分植物类原料都可采用热水发。在涨发时，应根据原料品种和质地的不同，采用不同的水温和加热形式。热水发包括泡发、煮发、焖发、蒸发四种。

1）泡发。泡发是指把干货原料直接放入热水中浸泡，分时段更换热水，使原料缓慢涨发的方法。泡发操作中应不断更换热水，以保持水温。

泡发适用于体小、质嫩的干货原料，如银鱼、粉丝、燕窝、腐竹、海带等。适用于冷水浸发的干料，也可用热水泡发。

2）煮发。煮发是指把干货原料放入水中，不断加热，使水温持续保持在微沸状态，促使原料快速吸水的涨发方法。

煮发适用于体大、质地坚实且带有浓重腥膻异味、不易吸水涨发的原料，如玉兰笋、海参、鱼皮等。

3）焖发。焖发是和煮发相关联的涨发方法，是煮发的后续过程。某些原料不能一味地煮发，否则会使原料的外部组织过早发透，而内部组织还未发透，影响涨发原料的口感。所以在煮发到一定程度时，要将原料端离火源并加盖焖发，待水温下降后再继续加热，如此反复进行持续加热，促使原料内外均匀地吸水膨胀，以达到涨发程度一致的要求。

焖发适用于体大、质地坚实、异味较重的干料，如鱼翅、驼掌、海参以及鲜味充足的鲍鱼等。

4）蒸发。蒸发是指将干货原料放入蒸笼中隔水蒸，利用蒸汽使原料吸水膨胀的涨发方法。凡不适于煮发、焖发或焖后仍不易发透，以及容易碎散的原料，都可采用蒸发。如干贝、鱼唇、鱼骨、金钩、哈士蟆等干货原料鲜味强烈，经沸水一煮往往鲜味受损，而采用蒸发则可保持其原来的形态和风味特色。蒸发时还可以加入调味品或其他配料同蒸，以增进原料的滋味。

为了提高涨发质量和缩短发料时间，在热水发之前，干料可先用冷水洗涤和浸泡。

2. 碱发

碱发是将干货原料先用清水浸软，再放进碱性溶液中浸泡，利用碱的脱脂和腐蚀作用，使其涨发回软的一种涨发方法。

碱发能缩短发料时间，使干料迅速涨发，但会使原料的营养成分有一定的流失。因此，运用碱发要谨慎，其使用范围仅限于一些质地僵硬，单纯用热水不易发透的原料，如墨鱼、鱿鱼等，其他质地较软的干料都不宜碱发。碱发又可分为生碱水发和熟碱水发两种。

（1）生碱水发

一般先用清水把原料浸泡至柔软，再放入浓度约 5%（即纯碱与水的比例为 1 ∶ 20）的生碱水中泡发。根据原料的质地与水温的高低，控制好碱水的浓度和泡发的时间。涨发时需要在 80 ~ 90 ℃的恒温溶液中提质，并用开水去净碱味，以使原料柔软、质嫩、口感好。

生碱水发的原料适用于烧、烩、熘、拌以及制汤等烹调方法。

（2）熟碱水发

一般是用水、食用纯碱和生石灰按 18 ∶ 1 ∶ 0.4 的比例配制碱溶液，将溶液充分搅匀、滤取澄清后使用。涨发时可不需加温，发透后，捞出原料用清水浸泡并不断换水，使其退碱后即可。经熟碱水发过的原料不黏滑，具有韧性且柔软，适用于炒、爆等烹调方法。

（3）碱发运用中应注意的问题

1）原料在放入碱和碱水之前应先用清水浸泡回软，以缓解碱对原料的直接腐蚀。

2）要根据原料的质地和季节的不同适当调整碱溶液的浓度和涨发时间。

3）碱发后的原料必须用清水漂洗，以便清除碱味。

3. 油发

油发是把干货原料放入油内浸泡并逐步加热，利用油的传热作用使原料膨胀疏松的涨发方法。

油发利用了油的导热性，使干货原料中所含有的少量水分迅速受热蒸发，促使其分子颗粒膨胀，从而达到膨胀疏松的目的。油发适用于富含胶质和结缔组织的干货原料，如肉皮、蹄筋、鱼肚等。

油发的具体操作方法是：将干燥、清洁、无杂质、无异味的原料直接下入适量的凉油或温油（60 ℃为限）锅中，使其浸发至回软、体积缩小后再升高油温，将原料浸泡至体积膨胀。若原料形体较大，在油中浸泡回软后，可改刀成小块状再进行涨发，并根据用途决定涨发的程度。

油发过程中应根据原料涨发的程度，灵活掌握火候，油温不宜过高。如加热过程中火力太旺，会造成原料外焦而里面发不透。油发后的原料含有大量的油脂，使用前应先用食碱溶液浸漂脱脂，并在碱溶液中进一步浸泡涨发，待恢复质地后再用水浸泡，以去除碱味。

4. 火发

所谓火发，并不是用火将原料直接发透，而是指某些特殊的干货原料在水发前进行的一种辅助性加工方法。

火发主要是利用火的烧燎除掉干货原料外表的绒毛、角质及钙质化的硬皮。火发一般都要经过烧、刮、浸、滚、煨等几个工序。烧燎过程中要掌握好程度，可采用边烧燎边刮皮的方法，防止因烧燎过度而损伤干货原料内部的组织成分，降低使用价值和食用价值。

火发适用于驼峰、牛掌、乌参、岩参等干货原料。

5. 晶体发

晶体发是把干货原料和食盐或沙一起在锅内加热，炒、焖一定的时间，使之膨胀松软的涨发方法。

晶体发的原理与油发类似，所以用油发的原料也可用晶体发，如肉皮、蹄筋、鱼肚等。用晶体发涨发的原料松软有力，即使受潮的原料也可直接涨发，而不必另行烘干，并可节约用油，但其色泽不及油发的原料光洁美观，且发后都要用热水再泡发，并需清除盐分及沙粒等杂质。晶体发包括盐发和沙发两种。

（1）盐发

盐发是利用盐作为传热媒介来涨发干货原料的方法。操作中先把盐炒烫，使盐中水分蒸发，颗粒散开，下入原料后使用温火多焖勤炒，让其缓慢加热，使原料四周、正反、里外受热均匀，回软卷缩，直至膨胀。

（2）沙发

沙发是利用干净的粗沙粒作为传热媒介来涨发干货原料的方法，其操作方法与盐发相同，但因附着的沙粒不易清除，故很少采用。

思考与练习

1. 什么是干货原料的涨发？其目的是什么？
2. 干货原料涨发的方法有哪些？各适用于什么原料？

第二节　常见干货原料涨发实例

干货原料品种繁多，涨发方法不尽相同。本节着重介绍部分常用干货原料的涨发方法，通过实例讲解干料涨发的要领。

一、植物类干货原料涨发实例

1. 冬菇

冬菇又名香菇、香蕈。

【烹调用途】冬菇可以作主料也可以作辅料，适用于焖的菜式，如“冬菇焖鸡”；适用于扒的菜式，如“冬菇扒菜胆”“百花酿冬菇”“花菇扣鹅掌”；适用于炖的菜式，如“香露炖花菇”；适用于蒸的菜式，如“冬菇蒸滑鸡”等。

【涨发方法】用温水浸泡至回软→剪蒂→洗净。

用 35 ℃的水浸泡约 30 分钟至回软，剪蒂，洗净即可（见图 4–2）。

图 4–2　冬菇涨发

【质量要求】透身、软滑，涨发率为 300% ~ 350%。

2. 茶树菇

【烹调用途】适用于焖的菜式，如“茶树菇焖鸡”；适用于扒的菜式，如“茶树菇扒菜胆”；适用于煲的菜式，如“茶树菇煲乳鸽”“茶树菇焖鸭”等。

【涨发方法】浸泡→剪去根部→洗净。

用清水浸泡 2 小时，去除根部和杂质，洗净，放入沸水中焯水取出即可（见图 4-3）。

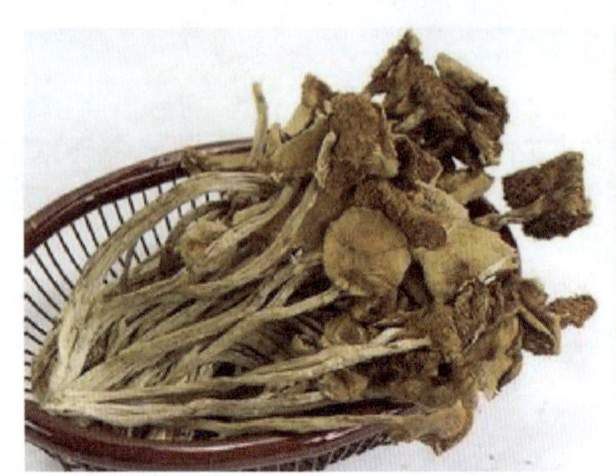

图 4-3　茶树菇涨发

【质量要求】色泽淡黄、韧中带脆，涨发率为 300% ~ 350%。

3. 蘑菇

蘑菇又称口蘑，常见的有白蘑、青蘑、黑蘑和杂蘑等。

【烹调用途】蘑菇适用于焖、扒、炖等菜式，如“蘑菇焖鸡”“鼎湖上素”“三鲜锅仔浸蘑菇”“蘑菇炖鸡”等。

【涨发方法】用水浸泡→洗净泥沙→剪去根蒂→用热水焗透。

蘑菇先放入冷水中浸泡 30 分钟，刷去盖及柄上的泥沙、杂质，剪去根蒂，再放入温水中浸至完全回软即可（见图 4-4）。

图 4-4　蘑菇涨发

【质量要求】涨发率为 250%。

4. 猴头菇

猴头菇又称猴头菌、猴头蘑、刺猬菌等。

【烹调用途】适用于煲的菜式，如“猴头菇煲竹丝鸡”；适用于炖的菜式，如“猴头菇炖乳鸽”；适用于扒的菜式，如“鲍汁猴头菇鹅掌”；适用于焖、烩的菜式，如“猴头菇焖山猪”“猴头菇烩海参”等。

【涨发方法】温水浸泡→洗净泥沙→摘蒂、剪刺→反复换水浸泡→焯水。

将猴头菇放在温水（冬季用沸水）中，浸透泡软，洗净泥土及黏附的杂质，摘去菌蒂，剪去刺尖，挤干水分，用清水反复漂洗，焯水后控干水分，置盆中用清水浸泡备用（见图 4–5）。

图 4–5　猴头菇涨发

【质量要求】松软滑润，涨发率为 180%。

注意事项：（1）涨发宜用温水泡软，也可放入砂锅或铝锅中，微火煮软。（2）猴头菇要反复漂洗并焯水，以去净其体内的异味。

5. 木耳

木耳包括黑木耳和云耳。

【烹调用途】适用于炒的菜式，如“香芹木耳炒腰花”“西芹百合酿云耳”；适用于蒸的菜式，如“云耳红枣滑鸡”；适用于凉拌的菜式，如“老醋凉拌云耳”；适用于烩的菜式，如“三丝烩鱼肚”等。

【涨发方法】用水浸泡→剪去菌柄→洗净→浸泡。

将木耳用冷水或温水浸泡至回软后，剪去菌柄，清除杂质，再用清水浸泡备用，发好的木耳表面光滑、无皱折，具有良好的弹性和韧性（见图 4–6）。

图 4–6　木耳涨发

【质量要求】表面光滑，涨发率为 550% ~ 600%。

6. 银耳

银耳也叫白木耳、雪耳。

【烹调用途】适用于制作汤菜，如“银耳牛肉羹”“红枣银耳炖冰糖”“燕窝银耳羹”等；适用于炒的菜式，如“银耳炒滑蛋”等。

【涨发方法】浸泡→剪蒂→洗净→用沸水反复焗至透身。

用清水浸泡约 2 小时，剪去蒂头，洗净，放入沸水中焗至透身即可（见图 4–7）。

图 4–7　银耳涨发

【质量要求】涨发率为 600%。

注意事项：过白的银耳含有二氧化硫，主要来自“硫黄熏蒸”这种传统的银耳漂白加工工艺。二氧化硫遇水会形成亚硫酸盐，不仅会引发支气管痉挛，还会在人体内转化成一种致癌物质——亚硝胺，同时会产生酸味，因此银耳涨发时必须要用沸水泡、焗，以去除二氧化硫。

7. 黄耳

黄耳又称金耳。

【烹调用途】适用于制作各种素菜及作炒菜的配料，也可以制作甜菜，如“鼎湖上素”“木瓜炖黄耳”等。

【涨发方法】用清水浸泡→洗净→浸泡至透身。

先用清水浸泡约 8 小时至透身，取出后洗净，再放入清水中浸泡备用（见图 4–8）。

图 4–8　黄耳涨发

【质量要求】黄色，爽脆，涨发率为 850%。

8. 榆耳

【烹调用途】适用于制作各种素菜及作炒菜的配料，如“鼎湖上素”“榆耳炒鲜螺片”等。

【涨发方法】用清水浸泡→剪蒂→洗净→浸泡至透身。

先用清水浸泡 7 ~ 8 小时至透身，取出后剪蒂、洗净，再放入清水中浸泡备用（见图 4-9）。

图 4-9　榆耳涨发

【质量要求】黄褐色，软脆，涨发率为 700%。

9. 竹荪

竹荪又名竹笙、竹菌等。

【烹调用途】适用于扒、烩、汤泡的菜式，如“竹荪浸虾丸”“竹荪冬瓜盅”“百花酿竹荪”“蛤士蟆扒竹荪”等。

【涨发方法】剪去头、尾部的花→浸泡→洗净，除异味→焯水→煨入味。

竹荪剪去菌盖头（封闭的一端）及尾部的花，用淡盐水浸泡 2 小时至透身，用生粉洗去异味，洗净泥沙，放入沸水中焯水，取出后，压干水分即可使用（见图 4-10）。

【质量要求】色泽洁白，爽滑，涨发率为 200%。

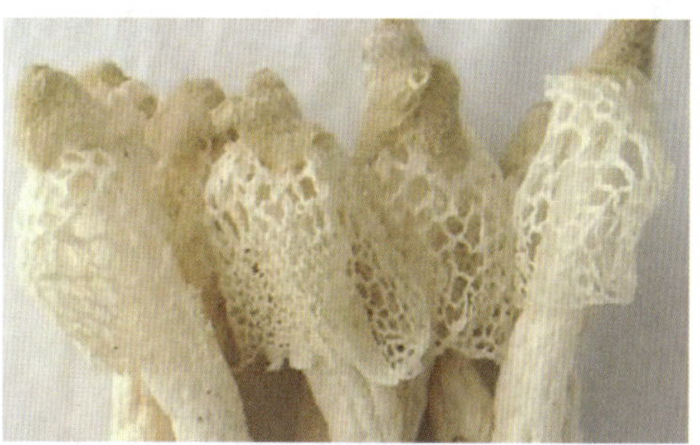

图 4-10　竹荪涨发

10. 虫草花

虫草花学名蛹虫草。

【烹调用途】适用于制作汤菜，如“虫草花炖螺头”“虫草花煲老鸽”“虫草花胜瓜浸猪肚”“虫草花浓汤浸鲈鱼”；适用于蒸的菜肴，如“虫草花蒸甲鱼”“虫草花云耳炒鲜淮山”等。

【涨发方法】浸泡→洗净。

用清水浸泡约 1 小时至透身，洗净即可（见图 4–11）。

图 4–11　虫草花涨发

【质量要求】浅黄色，爽脆，涨发率为 150%。

11. 羊肚菌

【烹调用途】适用于扒、红烧、炖等菜式，如“羊肚菌炖鸡”“碧绿松茸羊肚菌”等。

【涨发方法】温水浸泡→洗净泥沙。

发泡羊肚菌很有技巧，既不能用沸水，也不能用冷水，而要用 40 ~ 50 ℃的温水，这种温度的水既能保证羊肚菌的香味发散出来，又不会破坏羊肚菌的口感。水的量也要适度，以刚刚浸过菌面为宜，大约 20 分钟后水变成酒红色、羊肚菌完全变软即可捞出洗净备用，浸菌的原汤经沉淀后可用于烧菜（见图 4–12）。

【质量要求】浅黄褐色，爽脆，涨发率为 300%。

图 4–12　羊肚菌涨发

12. 鸡枞菌

【烹调用途】可以单独成菜，还能与蔬菜、鱼肉及各种山珍海味搭配，滋味鲜香；还可用于炒、炸、拌、烩、焖、清蒸或制汤，如“三丝烩鸡枞菌”“鸡枞菌炖鸡”等。

【涨发方法】温水浸泡→洗净泥沙→浸发至透身。

鸡枞菌用温水浸泡约 1 小时，洗净泥沙，将伞帽与菌干分开即可（见图 4–13）。

图 4–13　鸡枞菌涨发

【质量要求】黑褐色，肉质细嫩爽脆，涨发率为 300%。

13. 笋干

【烹调用途】适用于焖的菜式，如“黑椒笋干焖鸭”“铁板笋干猪杂”；适用于卤的菜式，如“笋干卤猪蹄”；适用于扒的菜式，如“笋干扒圆蹄”等。

【涨发方法】浸泡→洗净→小火煲→焗→涨发至透身。

用清水浸泡约 10 小时，搓洗几遍后，放入冷水锅中，用小火煲 30 分钟左右，取出焗至水冷，换水再煲，漂浸至笋发透、质爽脆，放入锅中炒干水分即可使用（见图 4–14）。

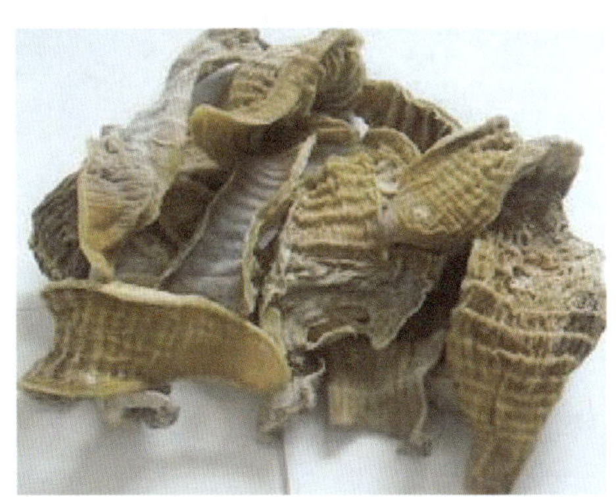
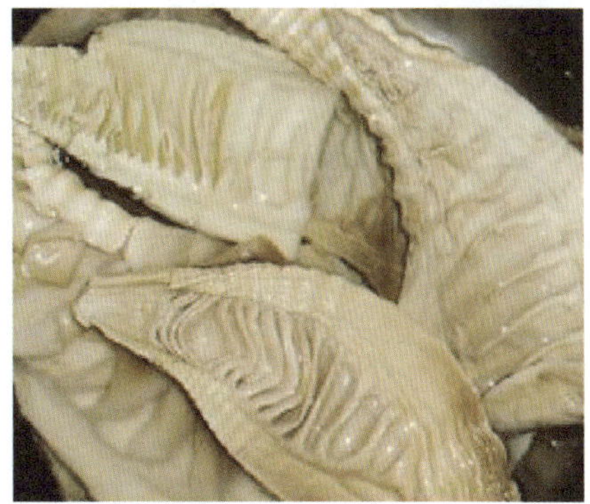

图 4–14　笋干涨发

应视笋干的质地掌握涨发的时间，避免涨发过度，色泽变黑。

【质量要求】色泽浅白，质地脆嫩，涨发率为 200% ~ 400%。

14. 贡菜

贡菜又名苔干、响菜、山蜇菜。

【烹调用途】适用于炒、凉拌、焖的菜式，如“贡菜炒花叉”“凉拌贡菜”等。

【涨发方法】浸泡→洗净→撕去硬皮→滚至透身。

贡菜放清水中浸泡约 2 小时至回软，洗净并撕去硬皮，切成约 4 厘米长的段，换水浸泡至全部发透，放入沸水中焯水，取出后沥干水分即可使用（见图 4–15）。

图 4–15　贡菜涨发

【质量要求】色泽浅绿，质地爽脆，涨发率为 150%。

15. 白菜干

【烹调用途】适用于煲、炖等菜式，如“金银菜煲猪肺”“雪梨菜干炖白肺”；适用于焖、蒸的菜式，如“菜干风味肉排”“菜干蒸牛腱”；也可用于煲粥，如“白菜干咸骨粥”等。

【涨发方法】浸泡回软→洗净。

用清水浸泡白菜干约 2 小时至回软，洗净泥沙，切去头，切成约 4 厘米长的段即可（见图 4–16）。

图 4–16　白菜干涨发

【质量要求】茎白、叶墨绿，涨发率为 300%。

16. 剑花

剑花又称霸王花、量天尺、风雨花、假昙花。

【烹调用途】适用于煲、炖等菜式，如“剑花煲猪肘”“剑花炖猪腱肉”；适用于扒的菜式，如“剑花肇庆扣”“剑花罗汉上素”等。

【涨发方法】浸泡→洗净→焯水，去异味。

剑花放入清水中浸泡约 1 小时，洗净后放入沸水中焯水，取出后沥干水分即可（见图 4–17）。对于较白净的剑花，因其干制过程中用硫黄熏过，因此浸泡的时间可长些，并必须进行焯水，以去除硫黄味。

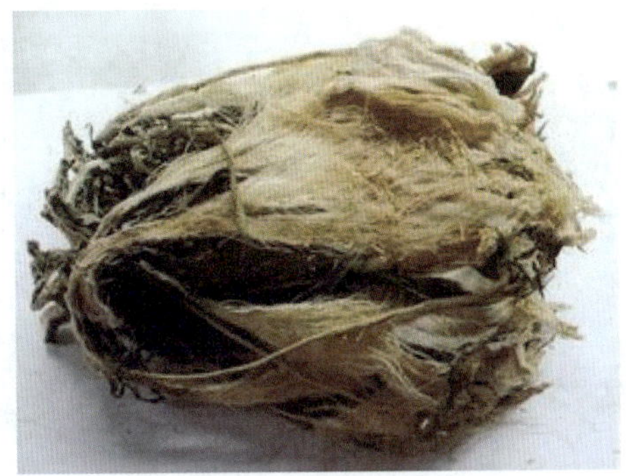

图 4–17　剑花涨发

【质量要求】色泽浅绿，涨发率为 300%。

17. 金针菜

金针菜又称黄花菜、安神菜、金萱草等。

【烹调用途】适用于蒸的菜式，如“金针云耳蒸滑鸡”“金针鲜菇胜瓜沙虫汤”“金针南乳大肉”等。

【涨发方法】浸泡→剪蒂→洗净→焯水。

金针菜用清水浸泡约 1 小时，剪去硬蒂，洗净后放入沸水中焯水，取出后沥干水分即可（见图 4–18）。用硫黄熏过的金针菜带酸味，浸泡时间可长些，并必须焯水，以去除酸味。

【质量要求】色泽浅黄，涨发率为 300%。

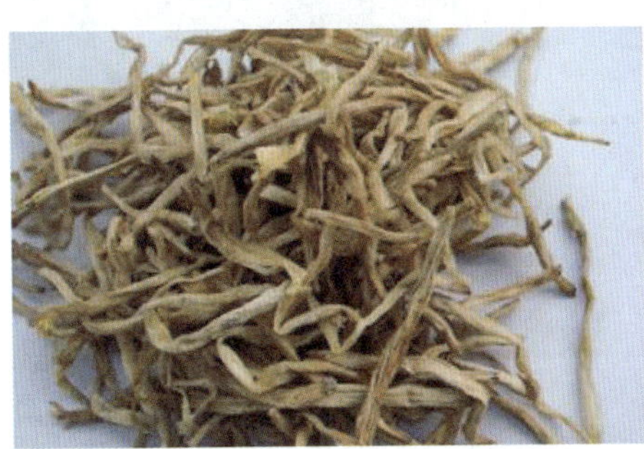

图 4–18　金针菜涨发

18. 紫菜

紫菜又称紫英、子菜、膜菜。

【烹调用途】适用于浸的菜式，如“鱼滑凉瓜皮浸紫菜”；适用于滚的菜式，如“紫菜蛋花汤”；也可以用紫菜铺上鱼胶卷成紫菜鱼卷，蒸熟后，作拼盘的原料等。

【涨发方法】浸泡→洗净。

用清水浸泡约 1 小时，洗净泥沙杂质，沥干水分即可（见图 4-19）。

图 4-19　紫菜涨发

【质量要求】黑褐色，软滑，涨发率为 500%。

19. 海带

海带又称海草、海带菜、海带草。

【烹调用途】适用于煲的菜式，如“海带排骨汤”“海草昆布煲猪腱”“海带绿豆糖水”；适用于凉拌的菜式，如“凉拌海带三丝”“麻辣海带丝”等。

【涨发方法】浸泡→洗净→剪去根柄部→换水浸泡至透身。

将海带放入清水中浸泡约 2 小时，洗去泥沙和黏液，去掉根柄部，剪成段，换水再浸泡至软透、有弹性（见图 4-20）。

【质量要求】墨绿色，脆滑，涨发率为 500%。

图 4-20　海带涨发

20. 人参（包括西洋参、红参等）

【烹调用途】人参主要用于炖、煲的菜式，如“西洋参炖竹丝鸡”“人参煲鸡”等。

【涨发方法】浸泡→洗净。

人参用温水浸泡至透身，洗净后切成薄片即可（见图 4-21）。

图 4-21　人参涨发

【质量要求】性甘味苦，涨发率约为 150%。

21. 冬虫夏草

【烹调用途】适用于炖、煲的菜式，如“虫草炖蚬鸭”“虫草花胶炖乳鸽”“虫草灵芝煲鸡”等。

【涨发方法】洗净→浸泡→蒸至透身。

先将虫草用冷水抓洗两遍，洗去表面的污垢，放在小碗里，加入葱、姜、料酒、清汤或水，上笼蒸约 10 分钟，等到虫草体软、饱满即可（见图 4-22）。

图 4-22　冬虫夏草涨发

【质量要求】涨发至回软，涨发率约为 150%。

22. 石斛

【烹调用途】适用于炖、煲的菜式，如“石斛炖老鸭”“西洋参石斛煲鸡”等。

【涨发方法】浸泡→洗净→砸扁（或撕成丝）。

用清水浸泡 3 小时，洗净，砸扁（或者撕成丝）即可使用（见图 4-23）。

图 4–23　石斛涨发

【质量要求】以胶质多者为佳，涨发率约为 150%。

23. 灵芝

灵芝又称灵芝草、神芝、芝草。

【烹调用途】适用于煲、炖的菜式，如“灵芝杞子桂圆乳鸽汤”“灵芝红枣煲蚬鸭”“灵芝煲乌龟”“灵芝炖猪腱”等。

【涨发方法】洗净→浸泡→去蒂→浸泡至透身。

灵芝洗净后，用清水浸泡约 4 小时至回软，切片即可使用（见图 4–24）。

图 4–24　灵芝涨发

【质量要求】涨发率约为 150%。

24. 红枣

红枣又名大枣。

【烹调用途】适用于炖、滚、煲、蒸等菜式，如“红枣石斛炖鸡”“红枣泥鳅汤”“西洋参红枣煲竹丝鸡”“红枣云耳蒸鸡”等。

【涨发方法】浸泡→洗净→去核。

用清水浸泡 20 分钟，洗净，去核，即可使用（见图 4–25）。

【质量要求】涨发率约为 120%。

图 4-25 红枣涨发

25. 莲子

【加工步骤】去皮→去心→蒸制。

【涨发方法】将莲子倒入碱水溶液中，用硬竹刷在水中搓搅冲刷，待水变红时换水，刷 3 ~ 4 遍，至莲子皮脱落、成乳白色时捞出，用清水洗净，滤干水分后，削去莲脐，用竹签捅去莲心，洗净后加水上笼慢火蒸 15 ~ 20 分钟，放入清水中浸泡备用（见图 4-26）。

图 4-26 莲子涨发

【质量要求】酥而不烂，外形完整，涨发率为 200% ~ 300%。

26. 白果

【加工步骤】破壳取仁→去皮、去心→蒸透。

【涨发方法】先将白果放入锅中，小火炒至外壳变硬、变脆后，敲破并去掉外壳，剥出果仁，将果仁放入沸水中煮约 20 分钟，除净皮膜后将果仁加水上笼蒸 15 分钟左右取出，再用开水汆一下，捞入盆中，用细竹签顶出果仁的芯芽，倒入沸水浸泡备用（见图 4-27）。

【质量要求】涨发率为 200%。

图 4-27　白果涨发

二、动物性干货原料涨发实例

1. 蹄筋

【烹调用途】适用于扒、焖、红烧等菜式，如“虾籽蹄筋”“XO 酱爆蹄筋”“蹄筋烧海参”等。

【涨发方法】

（1）水发蹄筋：浸泡→煲→焗→沸水浸至透身。

先用木棒将蹄筋稍捶松，使之易于涨发，再放入冷水中浸泡 12 小时，然后换水，用小火煲至水沸，取出焗至水冷，反复换沸水焗至蹄筋透身，剔去外层筋膜，摘去残肉，洗净，用清水漂浸约 2 小时，换冷水浸泡备用。

（2）油发蹄筋：洗净油腻→晾干→炸→浸泡至回软→去油腻。

将蹄筋用温水洗去油腻和污垢，晾干，放入凉油锅中小火加热至 90 ℃，保持油温，使蹄筋慢慢膨胀，再逐渐升高油温至蹄筋涨发透身，取出滤油，待冷却后，用清水浸泡至回软、透身，用热水洗净油腻，摘去残肉，用冷水浸泡备用（见图 4-28）。

【质量要求】爽而不腻，水发蹄筋涨发率为 300%，油发蹄筋涨发率为 400%。

图 4-28　蹄筋涨发

2. 燕窝

燕窝又名燕菜。

【烹调用途】适用于炖、烩的菜式，如“双凤吞官燕”“果皇冰糖炖燕窝”“香橙炖燕窝”“珊瑚乳酪燕窝”“蟹肉烩燕窝”“鸡茸烩燕窝”；适用于扒的菜式，如“蟹黄扒官燕”等。

【涨发方法】浸泡→沸水焗→挑去杂质→用水浸泡。

以燕盏为例：先用凉水将燕盏浸泡约 30 分钟，加沸水反复焗至胀发透身，用镊子挑去燕毛、杂质，注意保持原形，然后再用清水洗净，浸泡待用，可存放于冰箱冷藏室内，每天换清水 1 ~ 2 次（见图 4–29）。

图 4–29 燕窝涨发

【质量要求】软滑带爽，燕盏涨发率为 700%，碎燕窝涨发率为 600%。

3. 雪蛤膏

雪蛤膏又称蛤士蟆油、雪蛤油。

【烹调用途】适用于炖的菜式，如“雪蛤膏红枣炖鸡”“虫草炖雪蛤膏”“木瓜炖雪蛤膏”；适用于烩的菜式，如“鲜奶蟹黄烩雪蛤膏”“雪蛤膏烩银耳”；适用于扒的菜式，如“珊瑚扒雪蛤膏”等。

【涨发方法】摘净黑膜→浸泡→沸水焗至透身。

雪蛤膏要先摘净黑膜，用清水浸泡约 4 小时后洗净，加沸水焗至透身，成白色棉花球状即可（见图 4–30）。

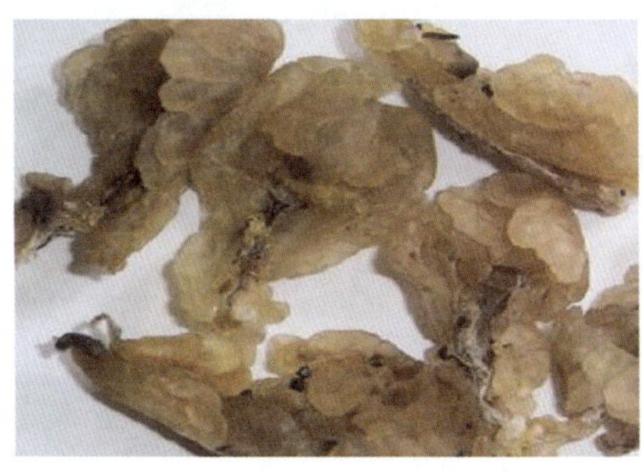

图 4–30 雪蛤膏涨发

【质量要求】晶莹通透，软滑，涨发率为 1 000% ~ 2 000%。

4. 鲍鱼

【烹调用途】适用于扒的菜式，如“蚝皇鲍鱼”等；适用于焖的菜式，如“网鲍焖鸡”等。

【涨发方法】浸泡→刷洗→小火煲→焗至透身。

用清水浸泡约 10 小时，刷洗干净，放入砂锅中加水，用小火煲约 2 小时，熄火焗至水冷，再用小火煲至水滚，熄火再焗，如此反复，让鲍鱼充分吸收水分，使鲍鱼柔软饱满、形整不烂（见图 4-31）。

图 4-31　鲍鱼涨发

【质量要求】柔软、饱满、爽嫩，网鲍涨发率为 175%，窝麻鲍涨发率为 150%，吉品鲍涨发率为 150%。

5. 海参

【烹调用途】适用于炖、烩、扒、焖、红烧等菜式，如“乌鸡炖海参”“辽参炖花胶”“百花酿刺参”“鱼肚海参羹”“鲍汁鹅掌扒辽参”“红烧海参”“虾籽扒海参”等。

【涨发方法】刺参：浸泡→小火煲→刮净→小火煲→沸水焗至回软→漂去灰味。光参：炭化表皮→刮净→浸泡→小火煲→漂去灰味。

（1）刺参的涨发：先将刺参用清水浸泡约 12 小时，再换清水上火烧沸，熄火加盖焗 6 ~ 7 小时，取出，刮净表皮，用冷水漂浸约 1 小时，再换清水烧沸，加盖再焗，如此反复三次后，将刺参取出，剖腹除去内脏，洗净，最后再放入清水锅中，烧沸后，熄火加盖焗至刺参回软、透身并漂至无灰味，将刺参放入保鲜盒内，再注入清水，存放于保鲜柜内备用。

（2）光参的涨发（适用于涨发皮厚的光参）：将光参放入炭火中烤至表皮炭化，取出，轻刮去表皮炭化部分，放入清水中浸泡约 8 小时，换水用小火煲至水滚，取出焗至水冷，漂洗，反复换水煲、焗，漂水至无灰味，最后用清水浸泡并放于保鲜柜内存放备用（见图 4-32）。

【质量要求】爽滑脆嫩，涨发率为 250%。

图 4-32　海参涨发

6. 鱼肚

鱼肚又称鱼胶。

【烹调用途】适用于扒、焖、炖、浸、烩等菜式，如“鳖肚炖蚬鸭”“花胶炖鹧鸪”“浓汤浸鱼肚”“百花酿鱼肚”“鲍汁扒鱼肚”“虫草炖花胶”“三丝烩鱼肚”等。

【涨发方法】鱼肚的涨发方法可根据鱼肚的用途和质地选择水发或油发。

（1）水发：浸泡→洗净→沸水焗至回软。

水发适用于炖、煲等菜式，如鳖肚、黄花胶的涨发。

先将鱼肚用清水浸泡 10 小时左右，洗擦干净后，放入盆中，加入沸水反复焗 2 ~ 3 次至鱼肚透身、回软。

注意事项：1）焗时所用器皿切勿沾有油污或碱类。2）每次换水时要将已焗透身的鱼肚捞起，以免涨发过头，影响质量。

（2）油发：浸软洗净→晾干→炸浸至透身→浸至回软。

油发适用于烩、焖等菜式，如鳝肚、鱼白、炸肚的涨发。

先将鱼肚剪成小块，用清水浸软后，擦洗干净，晾干。锅中加油烧至约 90 ℃，将鱼肚放入油中浸没，小火缓慢升温，炸至鱼肚膨胀、通透时取出，将鱼肚晾凉，放入水中浸泡至吸水回软，用清水洗去油脂即可。

注意事项：1）根据鱼肚的厚薄掌握炸制的火候和时间，厚身的炸制时间稍长，以便炸至松透。2）炸好的鱼肚颜色较黄时，可加入白醋漂洗并反复挤压，使其增白。

【质量要求】色泽洁白，爽滑有弹性。广肚涨发率为 300%，鳝肚涨发率为 450%，花肚涨发率为 450%，黄花胶涨发率为 200%。

7. 鱼唇、鱼皮

【烹调用途】适用于扒、焖、烩等菜式，如“鲍汁扒鱼唇”“红烧鱼唇”等。

【涨发方法】鱼唇：浸泡→沸水焗→洗净→沸水反复焗至透身。

先用清水浸泡约 4 小时，换沸水焗约 1 小时，洗净皮层上的杂质，然后再用沸水

反复焗至透身，取出后用清水漂浸。

鱼皮：浸泡→沸水焗→去残肉→沸水反复焗至透身。

先用清水浸泡约 4 小时，换沸水焗约 1 小时，去残肉并洗净，反复用沸水焗至透身，取出后用清水漂浸（见图 4–33）。

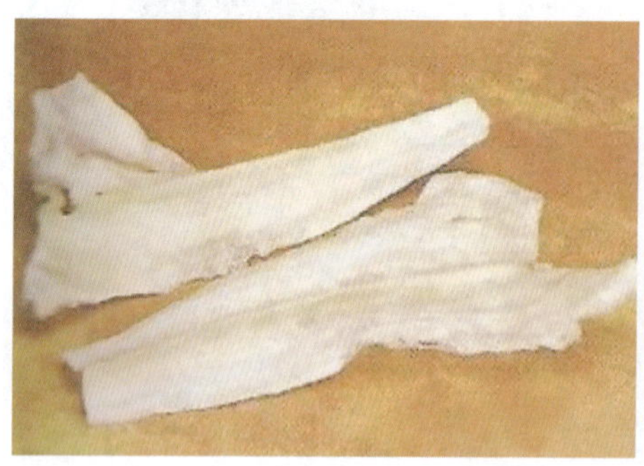

图 4–33　鱼皮涨发

【质量要求】色泽浅金黄，软滑有弹性，涨发率为 300%。

8. 干贝

干贝又称元贝、瑶柱。

【烹调用途】适用于扒、炒、烩、炖等菜式，如“玉环干贝脯”“干贝扒豆腐”“炒桂花干贝”“干贝烩鸡丝”“节瓜炖干贝”等。

【涨发方法】浸泡→洗净→加调料蒸至回软。

用清水将干贝浸泡 15 分钟左右，洗净，同时去除干贝边角上的老筋，将干贝放入一个大碗中，加入适量的姜片、葱段、料酒及清水，入蒸锅蒸制约 40 分钟，使干贝吸水回软即可（见图 4–34）。

图 4–34　干贝涨发

【质量要求】色泽浅金黄，涨发率为 150%。

9. 鱿鱼干

鱿鱼干又称土鱿、枪乌贼。

【烹调用途】适用于炒、灼的菜式，如“西兰花炒鱿鱼”“XO 酱爆鸳鸯鱿”“味菜土鱿丝”等。

【涨发方法】浸泡→去外衣、软骨→洗净。

将鱿鱼放入清水中浸泡约 3 小时至透身，剥去外衣，去掉软骨及鱿鱼眼，洗净即可（见图 4–35）。鱿鱼浸泡的时间视其质地而定，厚身的浸泡时间长些，薄身的浸泡时间短些。

图 4–35　鱿鱼涨发

【质量要求】色泽浅金黄，爽脆，涨发率为 150%。

10. 蚝豉

蚝豉又称干蚝。

【烹调用途】适用于焖、扒、煲、炒等菜式，如“莲藕猪舌煲蚝豉”“网油蚝豉”“发菜蚝豉煲猪手”“地鱼蚝豉节瓜汤”“发菜扣蚝豉”“菜片蚝豉松”等。

【涨发方法】干蚝豉的涨发：浸泡→洗净→焯水。

先用清水浸泡约 4 小时，洗去壳屑和泥沙，放入沸水锅中焯水即可。

爽蚝豉的涨发：浸泡→洗净→沸水焗透→焯水。

用清水浸泡约 2 小时，洗去壳屑和泥沙，然后加沸水焗至透身，放入沸水锅中焯水即可（见图 4–36）。

【质量要求】色泽金黄色，干蚝豉涨发率为 150%，爽蚝豉涨发率为 130%。

图 4–36　蚝豉涨发

11. 虾干

虾干又称虾米、海米、金钩。

【烹调用途】适用于焖、滚、浸、烩等菜式，如“粉丝虾米煲”“冬瓜海米汤”等。

【涨发方法】浸泡→洗净→蒸至透身。

用清水浸泡虾干约 30 分钟，洗净，用水浸没虾干，加姜、葱，放入蒸锅蒸制约 30 分钟至透身即可（见图 4–37）。

图 4–37　虾干涨发

【质量要求】色泽浅金黄，涨发率为 150%。

12. 虾籽

【烹调用途】虾籽是烹调中的重要鲜味调味品，可用于菜肴、面条、馄饨的调味，还可用于制作扒、烩、焖的菜式，如“虾籽扒海参”等。

【涨发方法】将虾籽放入锅中小火炒制，盛于器皿中，加姜片、葱段、花雕酒，上锅蒸制 5 分钟左右，取出即可（见图 4–38）。

图 4–38　虾籽涨发

【质量要求】涨发率为 120%。

13. 干墨鱼

干墨鱼又称乌贼鱼、墨斗鱼、目鱼。

【烹调用途】适用于煲、炒、焗的菜式，如“墨鱼节瓜煲猪肘”“青椒炒墨鱼丝”等。

【涨发方法】浸泡→剥去薄膜→洗净→碱发→浸泡。

将干墨鱼放在冷水中浸泡约 3 小时至墨鱼回软，剥去墨鱼表面的薄膜，去掉墨鱼骨和内脏，洗净，再放入调好的碱水中（500 克水、20 克小苏打）浸泡约 30 分钟，取出后用清水漂净碱味即可（见图 4-39）。

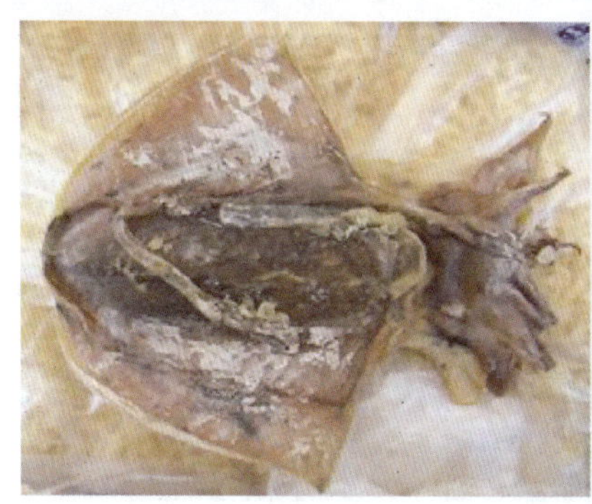

图 4-39　干墨鱼涨发

【质量要求】色泽洁白，爽脆，涨发率为 130%。

14. 淡菜

淡菜又名海红。

【烹调用途】主要用作调味、增鲜，适用于煲、滚等菜式，如“淡菜煲菜干豆腐”“淡菜瘦肉紫菜汤”等。

【涨发方法】浸泡→洗净泥沙→沸水焗至透身。

将淡菜用清水洗净，加沸水焗 15 分钟，然后将淡菜内的藻告抽出，洗净泥沙，再加水小火煮约 5 分钟，取出，浸泡在清水中备用（见图 4-40）。

图 4-40　淡菜涨发

【质量要求】色泽淡黄，涨发率为 120%。

15. 裙边

【烹调用途】适用于焖、扒、烩、红烧等菜式，如“裙边炖竹丝鸡”“葱烧裙边”等。

【涨发方法】温水浸泡→刮净→用姜、葱等蒸至透身。

将裙边先用温水浸泡至初步回软后，用小刀轻轻地刮去表面的皮膜，洗涤干净，用清水漂净腥味，加上料酒、葱、姜、火腿、干贝等，入蒸锅蒸至透身取出，用原汤浸泡裙边，冷藏存放（见图 4-41）。

图 4-41 裙边涨发

【质量要求】软滑中带爽脆，涨发率为 400%。

16. 浮皮

浮皮又称响皮、干皮。

【烹调用途】适用于制作汤菜，如“浮皮肉茸羹”“鸡丝烩浮皮”“虾干浮皮浸丝瓜”等；也适用于焖、扒的菜式，如“红烧浮皮”等。

【涨发方法】

（1）沙发：炒沙→放入猪皮焗至透身→用温水浸软。

选用黄豆般的大沙粒，洗净倒入锅中（最好用钢板锅），不停翻炒搅动，待沙粒烫手时，将干透的猪皮埋于沙粒中，保持温度焗约 10 分钟取出，即发成浮皮，放入温水中浸至回软即可（见图 4-42）。

（2）水发：浸泡→刮净→沸水焗透。

将浮皮用清水浸泡约 3 小时，洗净，去净毛和残留的肥膘，加入沸水焗至透身，质量差的可加少许纯碱水焗，漂净碱味后，即可使用。

（3）油发：小火烧油→入浮皮炸至透身→用温水浸软→除去油脂。

将浮皮放入油锅中小火加热至 60 ℃，端离火位，浸炸，然后逐步升高油温，使浮皮起泡、浮起，涨发至透身，取出，放入温水中泡至回软，洗净油脂，用清水浸泡待用。

【质量要求】色泽金黄，爽滑，沙发涨发率为 400%，油发涨发率为 400%，水发涨发率为 300%。

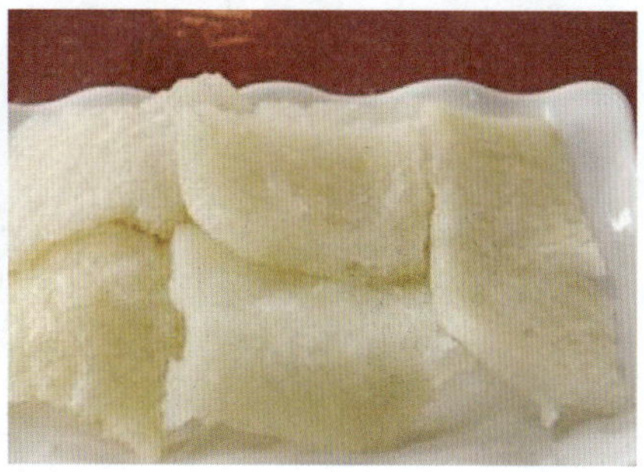

图 4-42　浮皮涨发

17. 海蜇

【加工步骤】浸发→去黑衣→漂洗。

【涨发方法】将海蜇皮放入盛器内，先用冷水浸发 2 天，待海蜇皮回软、里衣皱起时捞出，用手剥或用小刀刮去海蜇皮的黑衣，剥净后放入盆中，边冲边洗，双手不停地捏擦，直到沙质去净。然后根据菜肴的要求，将海蜇皮加工成丝或小的片形，放入清水中浸泡或用水漂洗数遍，以彻底去除海蜇皮内的沙质（见图 4-43）。

图 4-43　海蜇涨发

【质量要求】涨发至脆嫩状态即可。

18. 鹿尾

【加工步骤】温水泡洗→烫发、煺毛→碱水刷洗→清水漂洗→蒸发。

【涨发方法】先将鹿尾用温水浸泡，再逐渐换成热水，然后用沸水烫发、煺去长毛，用火燎去粗短的毛，用镊子夹净残毛后，再用碱水刷净尾上的油腻，清水漂洗，除尽碱味后放入盆中，加姜、葱、料酒，没过鹿尾，上锅蒸制 3 小时左右，待鹿尾膨胀、软糯后，取出备用（见图 4-44）。

【质量要求】涨发完全、彻底，无明显碱味。

图 4-44　鹿尾涨发

三、原料涨发后的保管

1. 所有的干货原料经水发、油发、盐发、碱发或火发的涨发方法加工后，都要浸在清水中继续泡发。

2. 清水泡发时注意要勤换水，每天都要把发料用的水盆放入水池中，边放水边漂洗，并用手搅拌，让原料上下翻身，以防下面发酵。一般换水的次数是冬季每日 1 次，春、秋季每日 2 次，夏季必须把盛器放入冰箱冷藏，温度控制在 0 ℃左右，存放时间一般不要超过 1 周。

思考与练习

1. 叙述海参、鱼翅、墨鱼干、蹄筋、黄花菜的涨发方法及注意事项。

2. 涨发后的原料在储藏、保管中应注意哪些问题？

第五章

配菜

学习目标

1. 理解配菜的作用与意义
2. 掌握配菜的基本方法
3. 学会菜肴的命名方法

第一节 配菜的意义与作用

一、配菜的意义

配菜是紧接刀工之后，介于刀工与烹制之间的一道重要工序。配菜人员既要熟悉各种烹调方法，又要懂得各种原料的性质、用途，以及时令变化对菜肴组成的影响，同时还要懂得菜品的成本核算，在保证菜肴质量的基础上，利用多种烹饪原料，配制出受众广泛、丰富多样、物美价廉的菜肴。

二、配菜的作用

1. 确定菜肴的质与量

菜肴的质是由组成该菜肴原料的品质特征所决定的。在配菜过程中，各种不同质地的原料是直接影响菜肴品质高低的重要因素，同种原料的不同部位，其质地差异也较大，如鸡的腿肉与胸脯肉、猪的里脊肉与五花肉等，通过配菜过程即可将菜肴的品质特征确定下来。量是指菜肴在组成中，各种原料数量的多少，配菜中常以原料的重量和体积来衡量。原料经刀工处理后，要根据菜肴的质量要求，按照各原料之间的数量比进行配合，由此即可确定菜肴的质和量。

2. 确定菜肴的色、香、味、形

原料的形态依靠刀工来确定，但成菜的形态却由配菜来确定。除了刀工和加工手法的变化以及烹调方法的不同运用可使菜肴多样化外，通过配菜也可把各种形态的原料巧妙、适当地进行组合，不仅使其各自本身的色、香、味、质相互补充，也能充分

体现整份菜肴或整个席桌菜肴的色、香、味、形。

3. 确定菜肴的营养价值

各种烹饪原料营养成分的含量均不相同，通过配菜可使菜肴的营养成分得到合理、全面的互补，使组成菜肴的营养成分更加适合人体的需要，从而提高菜肴的营养价值。

4. 确定菜肴的多样性

烹饪原料的广泛使用，是形成菜肴多样化的重要因素，将不同的原料进行合理的配合，可变化出花样繁多的菜肴。

5. 确定菜肴的成本

配菜的质量涉及用料档次的高低和用量的多少，直接关系到成本，如配合不当，不仅影响成菜质量，也会损害消费者的利益或影响企业的自身效益。因此，配菜是控制菜肴成本、加强经济核算的一个极其重要的环节。

思考与练习

1. 简述配菜的意义。
2. 简述配菜的作用。

第二节　配菜的要求与方法

一、配菜的基本要求

1. 熟悉原料及各部位的特征

“物性不良，难为佳肴”，选料通常被看作是制作菜肴的关键环节，我国各大菜系均以选料精细、严格、认真作为本菜系的基本要领。烹饪原料品种繁多、各具特色，烹调中应取长补短，将各种原料取其所长，进而烹制出色、香、味、形俱佳的菜肴。因此，配料时必须熟悉原料的性能、用途及各部位的特征。

2. 注意原料的清洁卫生

配菜是对菜肴卫生质量进行把关的最后环节。烹饪原料来源广泛，有生料也有半成品原料，配料时必须确保各种原料都已经过初加工处理，防止有腐败、变质、受污染的原料进入切配环节。

3. 熟悉菜肴的名称及制作特点

菜肴的名称可以反映菜肴主、辅料之间的关系，也可以反映原料与烹调方法、原料与调味方法之间的关系。因此，只有熟悉了菜肴的名称，才能进行合理的配制。

二、配菜的方法

1. 量的配合

菜肴量的配合，是指构成菜肴的各种原料数量的配比，具体可分为三大类：

（1）单一原料菜肴量的配合：单一原料菜肴即菜肴由一种原料组成，这种菜肴因

原料只有一种，所以一般按定量配制即可。

（2）主、辅料菜肴量的配合：配制这类菜肴时，要突出主料，主料的数量必须多于辅料，起主导作用，辅料则起衬托作用，居次要地位。

（3）主、辅料不分菜肴量的配合：由若干种原料配合组成的菜肴，其各种原料数量应均等，且各种原料在刀工处理上也要力求一致，以达到相得益彰、互不掩盖的效果。

2. 质的配合

组成菜肴的原料品种繁多，同一品种的原料由于生长环境及时间长短不同，性质也可能不同，所以它们的质地常有硬、软、脆、韧、嫩、老之分，配菜时必须根据原料的质地，进行合理搭配，使其尽可能符合烹调要求。

在由主、辅料组成的菜肴中，大多数情况下，常以性质相近的原料相配合，即一般遵循“脆配脆、软配软、嫩配嫩”的原则。例如，将猪肚与鸭肫这样韧中带脆的原料配成“火爆双脆”。当然也绝非每道菜都遵循这一原则，有些原料虽然质地相差甚远，但通过适当的配合，也可以烹制出具有特色的菜肴，如“宫保鸡丁”。

3. 形的配合

形的搭配，就是菜肴主料和配料不同形状的搭配，分为同形搭配和异形搭配两种。

（1）主、辅料的同形搭配：同形搭配是指主、辅料的形态、大小、规格相同或相似，如“辣子鸡丁”“青笋肉片”“萝卜烧牛肉”等，均是丁配丁、片配片、块配块的同形搭配。

（2）主、辅料的异形搭配：异形搭配是指主、辅料形状不同、大小不一，如“宫保肉花”的主料切成十字花形块，配料为油酥花生米。异形搭配是以配合协调、和谐、美观为标准。

4. 色的配合

菜肴的色泽搭配就是在同一菜品中，主、辅料的色泽搭配明快、协调、美观、大方，通过辅料衬托主料、突出主料，使整个菜肴具有一定的美感。

（1）顺色搭配：顺色搭配就是将主料与辅料都配成同一颜色或近似颜色，如红与橙、黄与绿、青与紫，配出来的菜肴色彩协调、雅致清爽。

（2）岔色搭配：岔色搭配又称花色搭配，这种配料方法运用得最为广泛，就是将主、辅料或几种主料配成不同的颜色，主料与辅料色泽差异要大些，如红与绿、黄与紫等，以辅料突出主料，使菜肴色彩鲜明生动。

5. 味与香的配合

味与香的配合是为了减除原料腥膻等不良异味，使菜肴的味道更加鲜美。烹饪原料本身的食味和气味大体可分为清香、鲜香、芳香、油腻、平淡或基本无味，以及膻、臊、腥、辛、苦、涩等异味。因此，配料时，应充分了解烹饪原料本身固有的性味，以便在味和香的配合上扬长避短，使成菜更加鲜美。

（1）主料本身富有清香、鲜香味，要选择较清淡的辅料来衬托，使主料的清香或鲜香味道更加突出。

（2）主料本身味较平淡或基本无味，如海参、鱼翅、鱼肚等，应用鲜香味浓郁的鸡、鸭、火腿或特制的高汤来弥补主料味道的不足，用汤提鲜增香，使主料富有鲜香味。

（3）主料本身油腻过重或咸味过浓，应以清香的蔬菜、豆类、米等与之配合，用以调和或冲淡其过重的油腻或过浓的咸味。

（4）异味较重的原料，如鲜鱼的腥味、猪腰的臊味、牛羊肉的膻味、菠菜的涩味、竹笋的苦味等，应事先在初加工过程中，尽量使之减小到最低限度。同时，有针对性地分别选用一些提鲜、增香、除腥、除异味的辅料调味，使之成菜后既鲜美可口又有特殊风味。

（5）主料具有较浓的醇香，可选择具有异常清香的配料，二味融合，食之别有风味，如“芹黄鱼丝”“芫爆里脊”“蒜苗回锅肉”等，都能给食用者在食味与气味两方面带来较强烈的感受。

6. 营养成分的配合

菜肴所含的营养成分，是衡量菜肴质量及菜肴价值的重要标准。尽可能地使食者从烹制的菜肴中摄取更多、更全面的营养，是烹调的目的之一。营养成分的配合，就是在熟悉各种原料所含营养素的基础上，尽量使菜肴营养素含量全面、合理，满足人体的需要。营养的配合主要是通过配菜来达到的，如“芹菜炒牛肉丝”是以肉类原料与蔬菜原料配合，牛肉富含蛋白质和脂肪，而芹菜富含维生素，二者各自的营养成分含量不均衡，但二者配合则达到了互补的作用，提高了菜肴的营养价值。

7. 盛器的配合

一份精美的菜肴在色、香、味、形俱佳的情况下，还离不开盛器与菜肴的配合。首先，盛器的样式要与菜品的造型相协调，一般炒菜用条盘，全鱼上桌时要用鱼盘，烩菜要用汤盘，汤菜要用汤碗。其次，盛器的色彩要与菜肴的色泽相契合，使盛器对菜肴起到衬托作用，如单一色调的菜肴可选用带花边的盛器，而花色菜肴则可选用白色盛器或与花色菜肴相协调的花边盛器。最后，盛器的质地也要与菜品的质地相媲美，如宴席适宜使用整套餐具，而越是高档的菜肴，越要配备精致的盛器，以适应和烘托气氛。

思考与练习

1. 配菜的基本要求包括哪几个方面?
2. 配菜的方法包括哪几个方面?

第三节　菜肴命名的方法与原则

菜肴的名称可以直接影响食者对菜品的选择。菜肴命名的方法很多，若对经典菜肴的命名进行仔细分析，可以总结出以下规律。

一、菜肴命名的方法

1. 按烹调方法和主料名称命名

这种命名方法最为普遍，使人容易了解菜肴的全貌和特点，菜肴的名称既能反映出主料，又能体现烹调方法，如“清蒸鳜鱼”“软炸大虾”等。

2. 按调味品和主料命名

这种命名方法较为常见，其特点是从菜名反映出菜肴主料及调味方法，从而了解菜肴的口味特点，如“咖喱鸡块”“糖醋排骨”“蚝油生菜”等。

3. 按特殊的辅料和主料名称命名

这种命名方法突出了菜肴的特殊辅料和主料，一般都是在主料名称前冠以特殊的辅料名称，如“桃仁鸡丁”“虫草鸭子”等。

4. 按菜肴的色泽命名

这种命名方法便于突出菜肴成品的色泽，如“翡翠虾仁”“芙蓉鸡片”等。

5. 在辅料与主料之间标出烹调方法命名

很多菜肴都使用这种命名方法，从菜名可以直接了解主、辅料和烹调方法，如“青椒熘鸡丝”“蒜苗炒肉丝”等。

6. 按菜肴的形状命名

这种命名方法多为一些工艺造型要求高的菜肴采用，如“蝴蝶海参”“绣球干贝”等。

7. 主料前冠以色、味、形、质地等显著特色命名

这种命名方法便于突出菜肴的主要特征，如“五彩鱼丝”“麻辣兔丁”“五香牛肉”“松鼠鳜鱼”等。

8. 按地点、人名命名

传统菜肴中有些就是以人名、地名来命名的，这种命名方法能清楚地反映菜肴的起源或菜肴的人文背景，非常具有饮食文化特色，如“北京烤鸭”“西湖醋鱼”“宫保鸡丁”“麻婆豆腐”等。

9. 主料前冠以烹制器皿命名

这种命名方法能清楚地反映出盛装菜肴的器皿品种，如“坛子肉”“砂锅鱼头”等。

二、菜肴命名的原则

恰如其分地给菜肴命名，是体现餐饮工作人员文化素质和专业技能的一个重要标志。菜肴命名的方法很多，对菜肴进行命名时，应遵循一定的原则。

1. 命名确切、真实，符合菜肴的特点

确切、真实是指菜肴的用料、烹调方法、特点等要与菜名相符，不应在菜名上故弄玄虚、哗众取宠，以免食者见到菜肴后大失所望。

2. 通俗易懂、雅俗共赏

菜名要具有一定的艺术性，菜名艺术性的主要体现是雅致顺口、充满情趣、想象丰富和诱人食欲。例如，很多冷拼在命名上寓景寓意，如“花田喜事”“五谷丰登”等，既增添了艺术性，又让人心情愉悦。

思考与练习

1. 菜肴命名的方法有哪些？
2. 菜肴命名的原则是什么？